JN240746

ハードウェアトロイ検知

半導体設計情報に潜むハードウェア版マルウェアの見つけ方

戸川 望
長谷川 健人
永田 真一
共著

オーム社

序　文

私たちの身の回りには多くの電化製品があります．エアコン，テレビ，冷蔵庫，さらにパソコンやスマートフォン，タブレットなど，これらの電化製品なくして，私たちの生活は成り立ちません．これらの電化製品の多くは，ハードウェアとその上で動作するソフトウェアから構成されます．

例えばテレビの電源をオンにしてください．最近のテレビはインターネットに接続されており，テレビが動作するとその上でソフトウェアも動作し，放送番組やインターネット上のコンテンツが見られるようになります．テレビのソフトウェアは，製品の機能向上があったり，あるいは何か不具合があったりすると，時折，インターネット等を通じてアップデートされることがあります．最新のソフトウェアによって，常にテレビも最新の状態で動作することができるのです．

ところでテレビのハードウェアは，アップデートする必要はないのでしょうか．私たちは，テレビでも，エアコンでも，パソコンやスマートフォン，タブレットでも，ソフトウェアをアップデートすることはあっても，ハードウェアをアップデートすることは（買い替えをしない限り）ほとんどありません．電化製品において，ハードウェアはいつでも「正しく動作する」ことが前提となっています．でも，その仮定は本当に正しいものでしょうか．もしかすると，ハードウェアそのものに，ソフトウェアのウィルスのようなものが含まれていて，ハードウェアが正しく動作しないかもしれません．そうなったら大変です．ハードウェアが正しく動作しないのですから，いくらソフトウェアをアップデートしても電化製品そのものが正しく動きません．テレビのソフトウェアをアップデートしても，テレビが正しく動かないかも知れないのです．

「正しく動作しない」ことがすぐに分かれば，まだ対処できます．テレビがどうしても正しく動かなければ，返品したり，買い替えたりすれば良いのです．ただ，正しい動作の背後で，そっと別な動作をしているかもしれません．しかしそれを発見するのは至難の業です．実際，ある国で輸入されたアイロンに不審なハードウェアが組み込まれ，アイロンの電源を入れると，この不審なデバイスが周辺のWi-Fiへの接続を試み，パソコンなどへの接続に成功するとマルウェアを送り込んだ，と言われた事例があります．アイロンが正しく動作していたら，つまり，衣服にアイロンがけができていたら，その背後でマルウェアを送り込んでいてもそれに気づくとは到底考えられません．一体なぜこのようなことが起きたのでしょうか．そしてこのようなことを事前に防ぐことはできないのでしょうか．

本書では，上記のような疑問に対し，具体的な事例を元に答えを導き出すことを目的に，まずはハードウェア，特に電化製品や情報機器ハードウェアの中心的な構成要素として集積回路を取り上げ，その設計製造，またサプライチェーンの変遷を見ていきます．その上でハードウェアそのものにウィルスのようなもの（これは「ハードウェアトロイ」と呼ばれています．ハードウェアに組み込まれたトロイの木馬，という意味です）が組み込まれる危険性があること，そして，その危機を取り除くための研究事例，さらに実際のハードウェアトロイ検知のサービス事例を見ていきたいと思います．

ハードウェアトロイが登場する背景，ハードウェアトロイの検知技術，実際のサービス事例を網羅的に取り上げた書籍は日本国内ではほとんど例がなく，読者のみなさまにとって，本書がこうした技術を知る格好の機会となり，我が国のハードウェアセキュリティ技術の発展に寄与できれば幸いに存じます．

2024年9月
著者一同

目次

・本書のイラストの一部には「いらすとや」を利用しています。

第 1 章

LSI 設計とそこに潜む脅威

1.1　LSI とその重要性

1.1.1　日常生活と IC チップ

私たちの身の回りでは様々な情報機器が利用されています．特に身近な情報機器と言えば，スマートフォンではないでしょうか．スマートフォンの端末では，無線通信，画面表示，タッチ入力，スピーカー・マイクを通じた音声制御，カメラを通じた画像処理，加速度センサによる活動記録など，様々な機能を実現しています．

周囲を見渡しても，様々な情報機器が利用されています．リビングのテーブルの上にはタブレットやノートパソコンがあり，壁際にはテレビやスマートスピーカーが置かれているかもしれません．外に出ても，街中では自動車や電車が走り，信号や管制システムを通じて管理されています．空には人工衛星が飛び回り，気象観測や衛星通信などのサービスを提供しています．

情報化社会において，これらの情報機器は必要不可欠となっています．情報機器は，非常に小さな端末の内部で，大量の情報を高速に処理しています．これを可能にするため，情報機器の内部では様々な電子部品が利用されています．その中でも IC チップが特に重要な役割を担っています．

1.1.2　半導体，IC チップ，LSI

半導体と IC チップ

そもそも IC とは，Integrated Circuit，すなわち集積回路を意味します．ごく小さい基板上に回路が「集約」されている様子から，そのような回路は IC と総称されます．この IC がパッケージされると，その様子がチップ（小さいかけら）

のように見えることから，ICチップと呼ばれます．

ICチップに関連する話題として，新聞記事などでは「半導体」という単語を見かけることが多いのではないでしょうか．半導体とは，①電気をよく通す導体と，電気をほとんど通さない絶縁体との間の性質を持つ物質や材料と，②そのような性質を持つ物質や材料から作られた電子部品を指します．半導体の材料をうまく組み合わせることで，電気の流れを制御できるようになります．代表的な例は，電圧を加えるなどの刺激によって電気をよく通す／通さないを切り替えることです．このような性質は，照明などの電源のON/OFFを切り替えるスイッチにたとえられます．電源スイッチは，人間がボタンを押すことで，内部で物理的に配線を接続/切断し，電気の通す/通さないを切り替えることができます．一方，半導体はその性質を利用することで，電気の流れを外部の刺激により制御します．

半導体から作られる電子部品として，ダイオードやトランジスタなどがあります．ダイオードは電流を一方向にだけ流す性質があり，トランジスタは前述のスイッチのような性質があります．トランジスタは，その動作原理からさらにバイポーラトランジスタ，電界効果トランジスタ（Field Effect Transistor, FET）などに分類されます．ダイオードやトランジスタなど単一の機能を持つ電子部品は，ディスクリート半導体，あるいは単にディスクリートと呼ばれます．ディスクリートのままでは小型化や大規模な回路の実装が難しいため，多数の半導体をシリコン上に並べてICとして構成することで，小型なチップ内で高度な情報処理を可能にします．

図1.1は，ICチップの外装と内部の様子の写真です．大きさや端子の形状は様々で，最終製品で要求される仕様に応じて選択されます．例えばスマートフォンの部品であれば小型であることが重要なので，実装にコストがかかるとしても小型のICチップが選択されます．一方，冷蔵庫や洗濯機などの大型家電では大きさよりも価格が重要なので，比較的大きいICチップが利用されます．ICチップの内部には，図1.1（右）に示すような，微細な配線の施された回路が入っています．ここには，メモリや演算などの処理を行う回路が1つのICとして搭載されています．

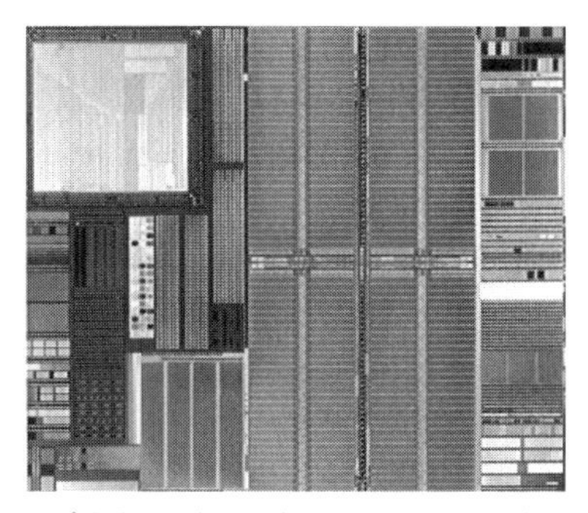

図 1.1 （左）様々なICチップ.（右）ICチップ内部の様子（引用：東芝レビュ―Vol. 52, No. 3, 1997, 64Mビット DRAM 混載 ASIC テストチップ, p. 95）. 図左に示す通り，外装の形にはいくつかの種類があります．この黒いパッケージの内部には，図右に示すような，微細な部品が配置された回路が入っています．なお，画像はICチップのイメージを示したもので，実際にハードウェアトロイが侵入されたものではありません．

ICの種類とLSI

ICには，用途が特定されているものと，より汎用的に様々な機能を持つものがあります．

用途が特定されているものとしては，情報を記憶するメモリや，外部の状況を感知するセンサ，アナログ信号を扱うアナログICなどがあります．さらにそれぞれの中でも，用途や目的に応じて様々なICが提供されています．例えばセンサに着目すると，カメラなどに利用されるイメージセンサや，スマートフォンの動きを検知する加速度センサ，機器や環境の温度を監視する温度センサなどがあります．

ICのうち，用途が特定されておらず，集積度を高めて様々な処理を行うことができるようにしたものは，「大規模集積回路」あるいは「**LSI**（Large Scale Integration）[1]」と呼ばれます．さらに集積度が大きくなったICは，集積度を区別して VLSI（Very Large Scale Integration）や ULSI（Ultra Large Scale Integration）などと呼ばれる時期もありました．しかし，絶え間なく集積度が大きくなるにつれ，最近は一般には単にLSIと呼ばれることが多くなりました．

[1] Large Scale Integrated Circuit の略とされることもあります．

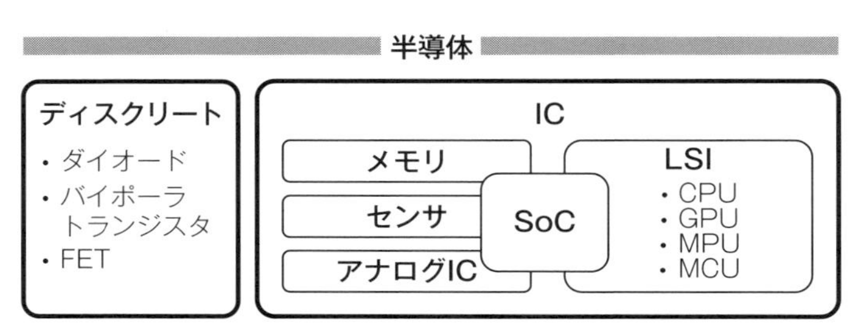

図 1.2 半導体や IC の代表的な分類．厳密に用語や範囲が定義されているわけではありませんが，大きくはこのように分類できます．

さらに，LSI の中でもその機能性によって名称がつけられているものがあります．汎用的な演算処理を行う装置は，MPU（Micro Processing Unit）や MCU（Micro Controller Unit）と呼ばれます．一般的には MPU が使われ，MCU は比較的小規模なものを指します．パソコンに使われる処理装置は CPU（Central Processing Unit）と呼ばれます．3 次元映像の描画や人工知能（AI）の高速な処理に利用される LSI は，GPU（Graphical Processing Unit）と呼ばれます．

最近では，1 つの LSI で演算，無線処理，画像処理など様々な処理を行うものが増えてきました．このように様々な機能が 1 つの LSI として搭載されたものを，System on a Chip の略で **SoC** と呼びます．

図 1.2 に，以上の半導体や IC の分類を整理してまとめました．厳密に用語や範囲が定義されているわけではありませんが，整理するとしたらこのような分類になります．

1.1.3 IC，LSI の歴史

世界で最初の IC の発明は，1950 年代後半までさかのぼります．当時，米国のテキサス・インスツルメンツやフェアチャイルドが IC の基本的な技術を発明したことで，LSI 産業は大きく発展することとなりました．それ以前に計算機に利用されていたのは真空管です．真空管は，小型化が難しい点と定期的に交換しなければならない点の 2 点が，大きな問題でした．IC の発明により，真空管で問題になっていた双方の問題を解決できる点で，画期的でした．

IC は以降 LSI 化され，いわゆるムーアの法則［Moore, 1965］に従って発展を続けています．ムーアの法則とは，ムーア氏が経験則に基づいて提唱した半導

体集積度の発展速度の予測に関する法則です．この法則によれば半導体の集積度が指数的に増加すると言われており，その流れは今も続いています．その結果，60年以上が経った現代では，LSIの集積度は発明当時とは文字通り桁違いになっています．当初はトランジスタにして数十から数百個程度の集積度であったLSIは，現在では1,000億個を超える規模にまで到達しており，さらに集積度は増していっています．

はじめ，LSIは電卓を実現するために製造されていました．その処理能力が急激に向上するに伴って，より複雑な計算をこなせるコンピュータが開発されました．1971年には，米国のインテルより，初の4ビットマイクロプロセッサが発表されました［Raghunathan, 2021］．当時のプロセッサは4ビット幅で，動作周波数は1MHz[2]以下でしたが，それでも汎用プロセッサとして当時は画期的なものでした．以降，汎用プロセッサ以外の特定用途のLSIを含めて，テレビやエアコンなどの家電の制御，自動車の制御，さらに工業機器の制御と，様々な分野でLSIが利用されるようになってきました．現在では，高性能なSoCにも1,000億個以上ものトランジスタが搭載され，動作周波数も数GHzにまで向上しています．

1.2　LSIのサプライチェーン

1.2.1　サプライチェーンの構造

サプライチェーンとは，「モノ」を製造するための流れを指します．「LSIのサプライチェーン」とは，LSIを製造するための各工程の流れを意味します．

LSIのサプライチェーンは，大きく分けて設計と製造の2つのフェーズがあります．設計フェーズでは，LSIで実現する機能や仕様，具体的な回路の配線などを設計します．製造フェーズでは，設計フェーズで決められた設計情報に従ってLSIを製造します．図1.3に，LSIのサプライチェーンにおける設計・製造フェーズの流れをまとめます．それぞれのフェーズは多数の工程から構成されており，その詳細については後ほど解説します．

[2] 動作周波数とは，LSIが1秒間に命令を処理する回数を表します．1MHzは1秒間に100万回，1GHzは1秒間に10億回を表します．

図 1.3 LSI のサプライチェーン．大きく，設計フェーズと製造フェーズに分けられます．それぞれのフェーズの詳細は，本文中で解説します．

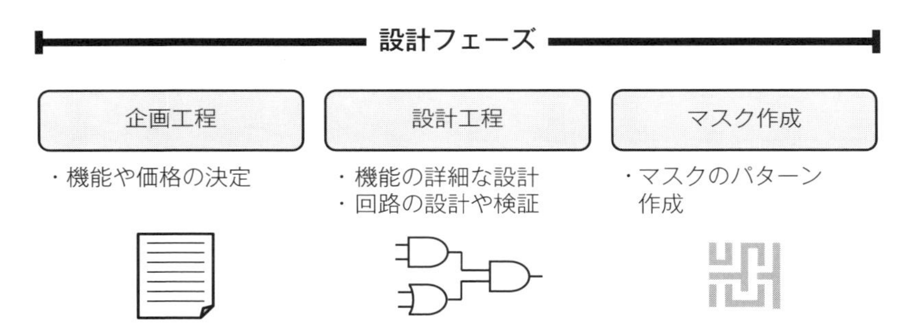

図 1.4 設計フェーズ．企画工程，設計工程，マスク作成の工程に大きく分けられます．

設計フェーズ

設計フェーズでは，LSI の製品を製造するために必要な情報を決定します．このフェーズではまだ物理的な「モノ」は製造せず，文書やコンピュータ上のデータとして作成します．設計フェーズは，大きく分けて企画，設計，マスク作成の工程から構成されます．図 1.4 に，設計フェーズの工程を示します．

企画工程では，市場調査などに基づき，製品となる LSI の機能や価格などを決定します．

設計工程は，さらに複数の小工程から構成されます．大きく分けると，システム設計，論理設計，物理設計の 3 つに分けられます．それぞれの小工程については，第 2 章で解説します．

設計工程では，大規模な回路設計を支援するため，EDA（Electronic Design Automation）ツールが利用されます．回路設計には，LSI の設計に特化したプログラミング言語である，**ハードウェア記述言語**を用いて設計されます．ハードウェア記述言語により記述された設計情報の解釈や，回路素子の配置・配線，それらの最適化，設計の検証などを行います．

設計工程では必要に応じて，外部から**IP**（Intellectual Property）と呼ばれる機能部品（モジュール）を購入して，製品の設計に組み込むことがあります．例えば，USB（Universal Serial Bus）ポートの信号を制御する回路は，USB Implementers Forum（USB-IF）により規格で定められているため，自分たちで最初からすべてを設計する必要はありません．このように，通信インターフェースやストレージの制御回路など，多くの装置でよく使われる回路はIPとして販売されています．これらの機能を使うLSIの設計者は，IPを購入して自身の設計に組み込むことで開発効率を上げることができるのです．

マスク作成では，その後の製造フェーズで実際にLSIを製造するために必要なマスクと呼ばれるパターンを設計します．後段の製造フェーズで微細な幅の回路を形成するには，レーザー光や化学薬品を用いて表面を削り出します．その際，削らずに残しておくべき部分は，光や薬品が材料に作用しないように保護されます．マスクはこの保護処理に使用します．

製造フェーズ

製造フェーズでは，設計フェーズの設計に従って実際にLSIを製造します．このフェーズは，大きく分けて前工程と後工程に分けられます．前工程では，シリコンウェハの上に多数のLSIを実装します．シリコンウェハとは，LSIの土台となる円盤状の板で，大きいものでは直径約300mmの大きさです．一方の後工程では，シリコンウェハからLSIを1つずつ切り出し，1つのICチップとして実装します．図1.5に，製造フェーズの工程を簡単に示します．

前工程は，さらにフロントエンドとバックエンドと呼ばれる工程に分けられます．フロントエンドの工程はFEOL（Front End of Line）と呼ばれます．この工程では，様々な材料やマスクを用いることで，シリコンウェハ上にトランジスタなどの回路部品が形成されます．バックエンドの工程は，BEOL（Back End of Line）と呼ばれます．この工程では，BEOL工程で形成されたトランジスタ等の部品を相互に接続し，LSIとしての回路をシリコンウェハ上に構成します．この後，検査の工程があります．シリコンウェハ上に形成されたLSIに対してプローブと呼ばれる探針を当て，動作を検証します．

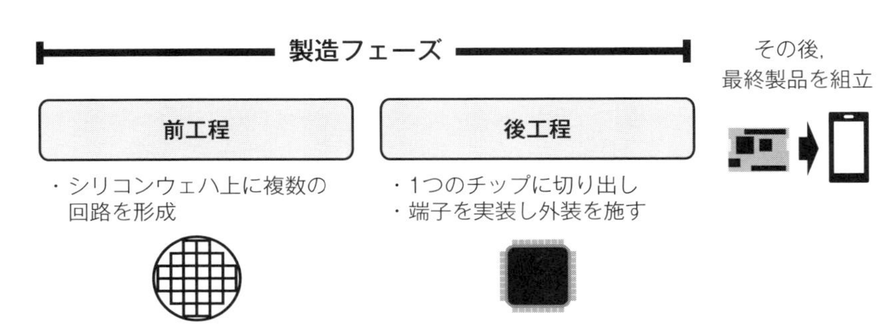

図 1.5 製造フェーズ．前工程と後工程に大きく分けられます．これにより，1つのLSIが出来上がります．

次の後工程は，さらにダイシング，ボンディング，パッケージングの工程に分けられます．ダイシングの工程では，シリコンウェハ上に構成された多数のLSIを1つのLSIに切り分けます．この切り分けられた1つを「ダイ」または「チップ」と呼びます．次のボンディングの工程では，LSIのチップ表面にある端子と，次の工程でパッケージングされたときに外部との接点となる端子との間を結線します．最後にパッケージングの工程で，LSIのチップを封入し，扱いやすいようにします．パッケージングの後は，再び検査の工程として，LSIの製品としての動作検証を行います．

1.2.2 サプライチェーンの変遷

1990年代以前のサプライチェーン

1990年代以前は，LSIのサプライチェーンは**垂直統合型**の構造が一般的でした．垂直統合型とは，前述の設計フェーズと製造フェーズを，すべて1社（組織）で受け持つ方式のことです．

1970年代後半は，各国で電卓を発展させたコンピュータの開発競争が激化し，日本では当時の通商産業省（現在の経済産業省）を中心としたLSI製造技術確立に向けた活動が進められました．その結果，日本の大手メーカー企業をはじめとして各社で垂直統合型モデルのもとLSIを設計・製造し，日本は世界を席巻することになりました．

日本に限らず，世界的に見ても1980年代までは垂直統合型の設計・製造体制が主流でした．これには，当時のLSI産業はまさに発展のさなかで，1つの大企業の中で研究開発と実装との両輪がうまく回っていたことが1つの理由として挙げられます．

ところが，1980年代後半から，垂直統合型の体制ではうまくいかなくなり始めます．主要な理由として，LSIのトランジスタ数が大規模になり微細化が進んだことで，LSI製造には高度な最先端技術が不可欠となり，もはや1社だけでは研究開発に追従するのが難しくなってきたことが挙げられます．加えて，自社外から先端技術を導入しようにも，そのような製造装置には億円単位の投資が必要となるため，装置の導入も難しくなってしまったのです．従って，1980年代の後半から設計・製造工程を分業化する動きが顕著になりました．

1990年代以降のサプライチェーン

現代ではLSIのサプライチェーンは，**水平分業型**の構造が一般的となっています．水平分業型の構造では，大きく分けて設計フェーズを担当する**ファブレス**企業と，製造フェーズを担当する**ファウンドリ**企業があります．

ファブレス企業は，工場（英語で「fab」）を持たない（英語で「～ない」を意味する「less」）企業のことです．その名が指す通り，工場を持たずに設計フェーズだけを担当します．代表的なファブレス企業としては，米国のAppleや，スマートフォンに使われるLSIを設計する米国のクアルコム，GPUを手掛ける米国のエヌビディアなどが挙げられます．

これに対し，ファウンドリ企業は他社から依頼された設計情報に従ってLSIの製造を請け負う企業です．ファウンドリ企業は水平分業型の構造に移行する頃に台頭してきましたが，この理由の1つとして前述した製造装置のための莫大な投資が挙げられます．もう1つの理由として，垂直統合型の企業における製品需給バランス調整の担い手となる点が挙げられます．LSI設計・製造には多大な投資が必要になることから，投資効果を最大化するために，工場は基本的にフル稼働させておく必要があります．ところが，製品の需要が少なければ，向上の稼働率は高くありません．逆に需要が急増すると，今度は製造が追いつかなくなります．このような需給の変動に対して，ファンドリ企業が一部の製造を請け負うことで，垂直統合型の企業は必要最小限の製造ラインだけを持ち，需要が追いつかないときに製造を依頼できるのです．すなわち，ファブレス企業だけでなく垂直統合型の企業にとっても，ファウンドリ企業は重要なパートナーとなり得るのです．代表的なファウンドリ企業としては，台湾のTSMCや韓国のサムスン電子が挙げられます．

なお，現在でも一部の企業は垂直統合型のビジネスモデルを採用しています．米国のインテルや日本のキオクシア，ソニーが代表的な企業です．垂直統合型のビジネスモデルを続けられるのは，特色のある製品を製造しているためです．インテルは，サーバやパソコンなど多くのコンピュータに搭載される CPU が主力製品です．キオクシアは，フラッシュメモリが主力製品です．フラッシュメモリはほかの LSI とは異なり，メモリセルと呼ばれる共通の部品をとにかくたくさん並べるという特徴があります．そのため特有のノウハウが必要となり，簡単には他社が追従できない製品を作れるのです．ソニーの主力製品の1つは，デジタルカメラやスマートフォンのカメラに使われるイメージセンサです．イメージセンサも同様に，特色のある製品です．このように特色のある製品については，垂直統合型のビジネスモデルが見られます．

図 1.6 に，垂直統合型と水平分業型のサプライチェーンの構造を整理してまとめます．

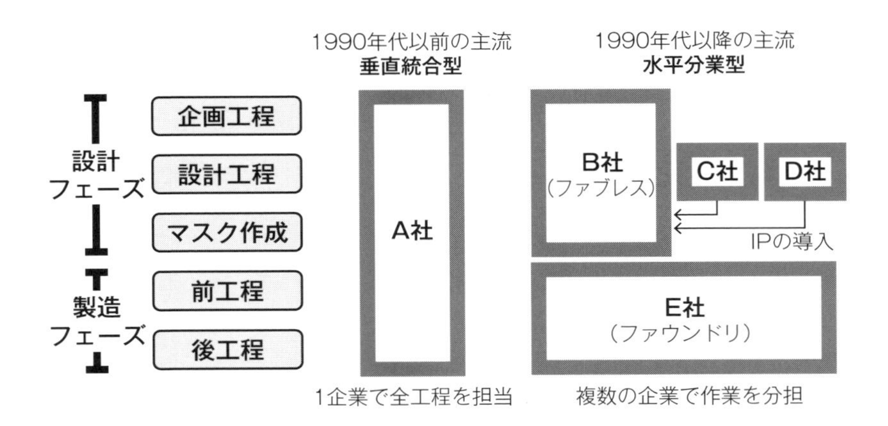

図 1.6　サプライチェーンの構造（設計・製造部分）．垂直統合型から水平分業型に移り変わっています．

1.3 ハードウェア版マルウェア,『ハードウェアトロイ』の脅威

1.3.1 ハードウェアトロイとは

LSIのサプライチェーンが複雑化する中で,悪意ある事業者により,製品に不正な機能を挿入される危険性が指摘されています.このようにLSIに組み込まれた不正な機能は,「**ハードウェアトロイ**(Hardware Trojan, HT)」と呼ばれています.

ハードウェアとは情報機器を構成する物理的な装置のことで,LSIもその一部です.トロイという単語は,古代ギリシアのエピソード「**トロイの木馬**(Trojan Horse)」から由来するものです.セキュリティの文脈では,元もとはソフトウェアに組み込まれる不正なプログラム(**マルウェア**)の一種を指すものでした.ハードウェアに組み込まれた不正な機能ということで,ハードウェアトロイと呼ばれます.このようなことから,ハードウェアトロイとは,ハードウェア版のマルウェアともいえます[3].

ちなみに,古代ギリシアの「トロイの木馬」は次のようなお話です.ギリシアの連合王国と,難攻不落と言われる城塞都市を持つトロイア王国との間では,トロイア戦争が起こっていました.双方の軍は10年間ぶつかり合っていたものの決着がつかず,戦争は膠着状態にありました.この状況を打破するため,ギリシア側の知将オデュッセウスは降伏の印として巨大な木馬をトロイア王国に贈ります.油断したトロイア王国は木馬を城壁内に受け入れますが,その中にはギリシア側の精鋭部隊が潜んでいました.結果的に城壁内へ敵軍を招き入れることになったトロイア王国は,一夜にして滅亡してしまいました.

このエピソードから,サイバーセキュリティにおける「トロイの木馬」とは,あたかも何もないことを装いながら実は有害であるプログラムの象徴となっています.例えばマルウェアの中には,ゲームなどの一見利用者が興味を引くソフトウェアであることを装いながら,裏ではコンピュータ内部の情報をスキャンして外部に送信するなどの有害な動作を引き起こす種類が存在しており,そのような

[3] マルウェアの代表的な機能としては,他のコンピュータに感染する自己増殖や,情報漏洩,システムの破壊,遠隔操作などがあります.ハードウェアトロイでは,自己増殖するのは難しいと思われますが,それ以外の特徴はマルウェアと類似していると考えることができます.

種類は「トロイの木馬」と呼ばれます．

さて，ここで話をハードウェアトロイに戻します．ハードウェアにおける「トロイの木馬」とは，見た目では無害だけれども実は有害な機能を持つハードウェアを指します．実際のところ，LSIをはじめとするハードウェア内部の動作は，ブラックボックス状態，つまり中身が分からない状態になっていることがほとんどです．そもそも，LSI内部は数ナノメートル級の超微細加工により実装されており，その配線を電気信号が流れて様々な処理を実現します．ナノメートル級の物質も，電気信号も，人間からは直接観測できません．従って，LSIは元から内部の動作を知るのが難しい物体です．このようなことから，仮にLSIの内部に不正な機能が組み込まれていたとしても，利用者は外部から気づくのが難しいのです．このような機能は，いわばLSIにおけるマルウェアともいえます．LSIをはじめとするハードウェアに組み込まれた不正機能は，ハードウェアトロイと呼ばれます．

ハードウェアトロイの特徴は後述しますが，代表的な特徴に「トリガ」の存在があります[4]．ハードウェアトロイには，前述のように小さいだけでなく，ある特定の条件（トリガ条件）に反応してトリガが動作し，不正な機能が発動するものがあります．このときの条件には，特定の日時や特定の入力などが挙げられます．このようなトリガの存在は，ハードウェアトロイの検知を難しくしています．図1.7に，ハードウェアトロイの代表的な特徴をまとめます．

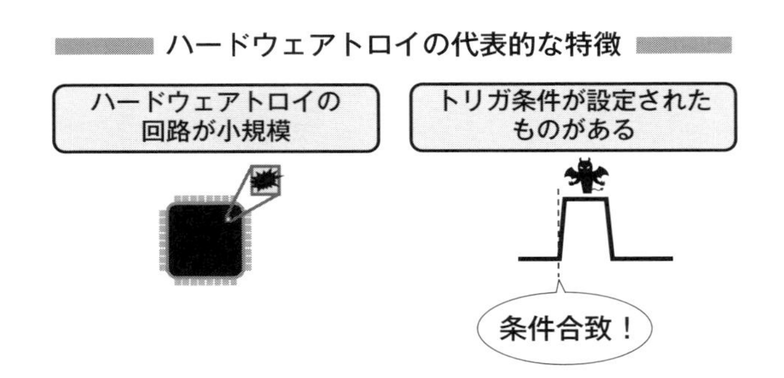

図1.7　ハードウェアトロイの特徴．代表的なものとして，回路が小規模であることや，トリガ条件が設定されることで，発見するのが難しい点が挙げられます．

---

[4] トリガとは，ハードウェアトロイの不正な機能を発動させるための機能です．なお，トリガがないハードウェアトロイも存在します．詳細は第3章で解説します．

1.3.2　どうして脅威となるか

ここまでで解説した通り，ハードウェアトロイとはLSIに組み込まれた不正な機能を指します．では，それがどうして脅威となり得るのでしょうか．

第1.1節で述べたように，LSIが使われる情報機器は，私たちが直接目に見える範囲だけでなく，インフラなどの生活を支える基盤でも必要不可欠になっています．水道・電気・ガスなどのライフラインだけでなく，自動車・電車・飛行機などの交通インフラや，通信インフラも情報機器を利用して管理されています．さらには，国防でも偵察衛星やレーダーなど多数の情報機器が利用されています．

これらの情報機器がある日突然利用不可能になったら，どうなるでしょうか．あるいは，外から不正に操作されたり，内部の情報を不正に外部に送信したりするかもしれません．このように，重要な設備に使われている機器にハードウェアトロイが組み込まれると，私たちの生活にまで影響を及ぼす可能性があるのです．しかも，それが生命の危険にも及ぶ可能性があるため，「ハードウェアトロイの脅威」が現実となる可能性が小さいとしても，まったく無視できるものではありません．

しかし，本当にハードウェアトロイが挿入されることがあり得るのでしょうか．この背景には，第1.2節で解説したLSIのサプライチェーンの変遷があります．1990年代以前のサプライチェーンでは，垂直統合型のサプライチェーンでした．そのため，LSIの設計・製造は1社（あるいはそのグループ）のみで行われていました．もし攻撃者や組織が製品にハードウェアトロイを組み込もうとしても，攻撃者はその組織内部に入り込む必要がありました．従って，攻撃者が侵入するハードルは高いといえます．また，一貫して設計・製造をしているため，攻撃者が不正な改変を施したとしても，検証などの別の工程で異常として検知される可能性があります．そのような観点でも，垂直統合型のサプライチェーンにおけるハードウェアトロイの脅威は考えにくいものでした．

ところが，近年では水平分業型のサプライチェーンに移り変わっています．そのため，設計・製造フェーズのそれぞれで多数の事業者がサプライチェーンに参加しています．また，設計フェーズでは共通部品の設計にIPなどの外部モジュールを導入することがあります．1つの製品に多数の事業者が参加していることから，各工程でどのような作業が行われたかを確認するのは，非常に困難になっています．このような中で，攻撃者がIPの1つにハードウェアトロイを組み込むと，どうなるでしょうか．IPは完成したモジュールであるため，一見すると

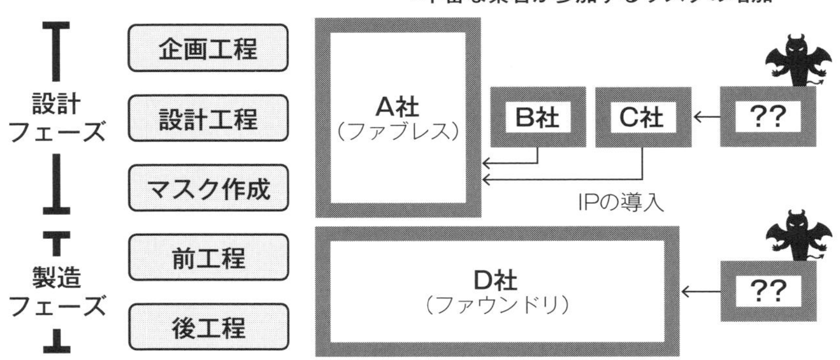

図 1.8 水平分業型サプライチェーンにおける脅威．低廉化・国際化に対応するため様々な事業者が参加する可能性があり，そこに攻撃者が入り込む危険性が指摘されています．

正常に動作する部品のように見えます．モジュールとしての機能性に問題が無ければ，そのまま製品として組み込まれることになるのです．このように，攻撃者にとって水平分業型のサプライチェーンに入り込むことは，垂直統合型の場合と比べて比較的容易といえます．図 1.8 に，水平分業型のサプライチェーンにおける脅威の概要を示します．

1.3.3 ハードウェアトロイ研究の立ち上がり

学術界でハードウェアトロイの脅威が指摘されたのは，2000 年代後半のことでした．

2008 年に Adee は，軍用機器に不正な機能が組み込まれていた事例を米国電気電子学会（IEEE）の雑誌で報告しています［Adee, 2008］．実際に起こった事例としては，イスラエル軍のジェット機がシリアの核施設を爆撃した際，シリアの核施設に設置されたレーダーは警報を出していなかったとのことでした．このことを知った軍事や科学技術に詳しいブロガーによる推測では，これはシリア側の敵機検知用のレーダーが不正プログラムによって機能しなかったためと考えられています．すなわち，レーダーに組み込まれた LSI に対して特殊なコードを送信することで，LSI の機能を一時的に無効化し，レーダーを使用不可能な状態にするというものです．このように外部から特殊なコードを受け取って不正な機能を発動させるマルウェアは，**バックドア**と呼ばれます．シリアのレーダーには，LSI にバックドアが組み込まれていたのではないか，と言われています．

また，2000 年代後半には米国防総省の研究機関である国防高等研究計画局（通称「DARPA（ダーパ）」）が，LSI の信頼性保証に関する研究プログラムを立ち上げています[5]．このことからも，LSI の信頼性は国防において重要な位置を占めることがうかがえます．

このような脅威が指摘されるようになったのは，やはり第 1.2 節で解説したサプライチェーンの構造変化によるものが大きいと考えられます．それまでのサプライチェーンは垂直統合型であったため，LSI の設計・製造は 1 つの企業，あるいはその関連企業の閉じた世界で行われていました．そのため，外部から第三者が不正に侵入することは，あまり考えられないものでした．ところが，近年では水平分業型に変化したため，自分が携わっていない工程はブラックボックス化しています．そのため，悪意ある第三者が侵入する可能性を否定できない状況になっています．

このように，サプライチェーンの構造変化を背景として，学会雑誌で脅威の指摘や研究プログラムの公開があったことから，学術界では LSI の信頼性向上を目的とした研究が広がっていきます．ハードウェアトロイの詳細は，第 3 章で詳しく解説します．

1.3.4　ハードウェアトロイの実現性

最近では，2022 年に Almeida らが，実際にハードウェアトロイを挿入するのがどのくらい現実的かを実証的に評価する論文を発表しました［Almeida et al., 2022］．この論文では，近年のマルウェアとして主流の 1 つであるランサムウェアを LSI に組み込む事例を取り上げています．

ランサムウェアとは，被害者のデータを暗号化して利用不可能な状態にする不正プログラムです．攻撃者は，そのデータの回復と引き換えに高額な金銭を要求します．攻撃から金銭の入手までが比較的シンプルな方法のため，近年被害が増加している手法です．

Almeida らが製作した LSI には，このランサムウェアが回路として含まれて

[5] https://apps.dtic.mil/sti/pdfs/ADA503809.pdf

いるものになります．元にするLSIは，プロセッサの一種になります．そこに，特定の入力信号をきっかけとして記憶領域に保存されたデータを暗号化する，ランサムウェアの機能を実装しました．実装の結果，ランサムウェア部分は元のプロセッサと比較して，面積で約1.2%，動作時の消費電力では約0.4%程度しか増加しませんでした．このような回路が実際のLSIとしてパッケージ化されると，外から見分けるのは困難といえます．

1.3.5 ハードウェアトロイと疑われる事例

ハードウェアトロイの確たる事例は，現在のところ公には公開されていません．しかし，「うわさ」レベルでは，ハードウェアトロイと疑われる事例はいくつか報告されています．

2013年，ロシア国内において，輸入されたアイロンに不審なLSIチップ（Spy Chip）が挿入されている事例が報告され，地元通信社や英国のBBCのWebニュース[6]等で報じられました．地元の通信社の報道によると，アイロンの内部に不審なデバイスが入っていたようです（図1.9）．アイロンの電源を入れると，この不審なデバイスが周辺のWi-Fiへの接続を試み，パソコンなどへの接続に成功するとマルウェアを送り込んだと言われています．

また，2018年には，外国製サーバに不審なLSIチップが埋め込まれていると

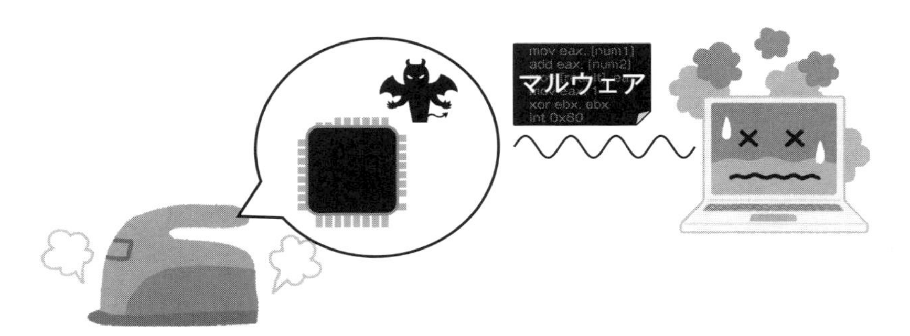

図1.9　2013年，ロシア国内の事例．外国から輸入されたアイロン内部に，周辺のWi-Fiに接続してマルウェアを送信する不審なチップが発見されました．

[6] https://www.bbc.co.uk/news/blogs-news-from-elsewhere-24707337

米国の経済紙が報じました[7]．この報道については一部で反論されているとのことで，結局真偽のほどは明らかにされていません．しかし，情報流出を引き起こすなどの不正な機能が無かったとしても，設計時には存在しなかった不審なLSIチップが実際の製品上に存在した事例と言われています．

このように，不審なLSIチップの事例がたびたび報じられていました．これらの事例について，結局のところ真偽は分かっていません．とはいえ，これらの事例は，「不審なLSIチップ」に対して世間の関心があることと，それがまったくのうわさではなく現実にあり得るということを示唆します．

1.3.6 本書の位置づけ

本書では，ハードウェアトロイが存在するもの仮定した場合，それがどのような特徴を持ったもので，それをどのような検知技術で検知できるかを学術的見地から検討するとともに，ハードウェアトロイの脅威に先手を打って対策するための検知技術の実用化に向けた取り組みを紹介します．ハードウェアトロイの脅威は，サプライチェーンのどの工程でも考えられるものですが，特に設計フェーズではIPなどの形で多くの第三者が参加することから，本書では設計フェーズにおけるハードウェアトロイに着目します．

以降の章では，LSIの設計フェーズに焦点を当て，まずはその基礎技術から解説します．

---

[7] https://www.bloomberg.com/news/features/2018-10-04/the-big-hack-how-china-used-a-tiny-chip-to-infiltrate-america-s-top-companies

第 2 章
LSI 設計の基礎

第1章では，ハードウェアトロイが挿入される背景を説明しました．ここでは，ハードウェアトロイの技術的な構成要素の理解に向けて，LSI 設計の基礎を解説します．

前述の第 1.2 節では，LSI のサプライチェーンにおける設計フェーズは主に企画工程，設計工程，マスク作成に分けられることを示しました．このうち設計工程では，LSI の具体的な機能や回路構成を設計します．この工程で設計された機能が，実際の LSI に搭載されます．本章ではこの設計工程に焦点を当て，その概要やそこで使われる代表的な技術を解説します．

2.1 LSI の設計工程

LSI の設計工程では，LSI で実現する具体的な機能や回路構成を設計します．設計工程は，さらに「**システム設計**」，「**論理設計**」，「**レイアウト設計**」の順に，3 段階に大きく分けることができます．図 2.1 に，3 つの工程の流れを示します．1 つ目のシステム設計では，LSI で実現する機能を設計します．2 つ目の論理設

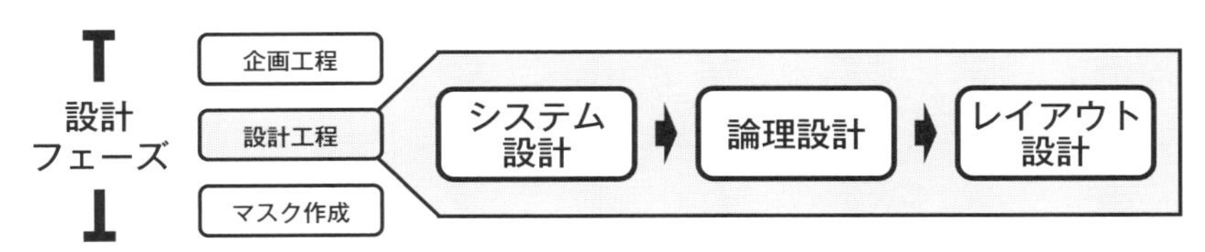

図 2.1　設計工程に含まれる 3 つの工程．システム設計，論理設計，レイアウト設計の順に，人間が理解しやすいよう機能レベルに抽象化された設計から，実際の回路となるトランジスタレベルの設計へ具体化されます．

計では，回路の具体的な構成を設計します．３つ目のレイアウト設計では，回路の部品を実際のLSI上でどのように配置・配線するかを設計します．

このように設計工程がいくつかの段階に分かれている理由として，LSI上に実装する回路を直接設計するのは困難である点が挙げられます．デジタル信号を扱うLSIでは，あらゆる情報が0と1を表す2種類の電気信号を用いて表現されます．ところが，そのような記述を回路のレベルで記述しようとすると，回路図が大きくなり，全体を把握するのが困難です．実際，近年のLSIには数千億個以上のトランジスタが用いられることもあり，これらのトランジスタを設計段階ですべて把握するのは現実的でありません．そこで，まずは人間が理解しやすいレベルに回路の機能を抽象化して設計し，ツールを活用しながらトランジスタのレベルへ設計を具体化していきます．

2.1.1 システム設計

システム設計では，LSIで実現する機能を設計します．例えば，SoCのように多数の機能が搭載されたLSIは，それぞれの機能で必要な処理や，機能間で必要なデータのやり取りを考慮しながら設計する必要があります．これらを決定するため，比較的抽象度の高いレベルで設計します．ここでいう「抽象度」とは，電気信号や物理的な配線をどのくらい意識するかを意味し，物理的なものに近いほど抽象度が低いと考えます．システム設計では，電気信号や物理的な配線などの抽象度が低いものではなく，LSIで実現する機能などの抽象度が高いものに着目します．このとき，抽象度を高く保ちつつも認識の齟齬を避けるため，共通の言語として**UML**（Unified Modeling Language）が使用されます．UMLは言語という名称がつけられていますが，設計対象のシステムをその機能や動作などの観点で図として表します．

UMLとして規格化された図で示すことで，複数の設計者にとって共通の認識を持ってシステムを理解することが可能となります．UMLからさらにもう一段階具体化すると，System C，Spec C，System Verilogなどのプログラミング言語が用いられます．これらの言語はソフトウェアを設計するためのプログラミング言語と似たように記述できますが，ハードウェアの設計に特化した性質を持っています．実際，System CとSpec CはC言語をベースに作られており，ソフトウェア設計者との連携が意識されています．なお，もう1つのSystem Verilogは，後述のVerilog HDLと呼ばれる言語をベースに作られており，ハー

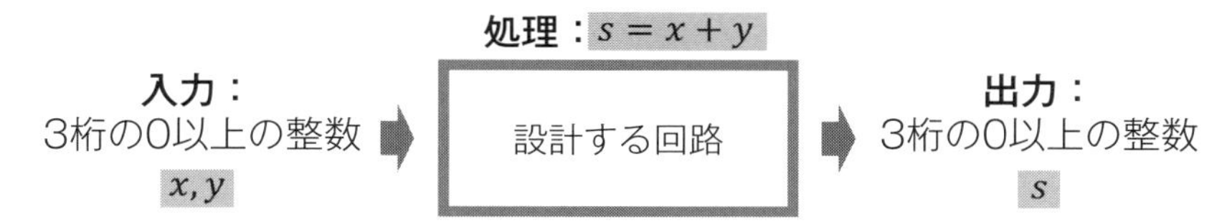

図 2.2 「シンプル加算器」のシステム設計の例．ここでは入出力や内部処理の大枠を決定します．実際には，このほかにも回路の面積や消費電力，遅延などの仕様が決められます．

ドウェア設計者による記述が意識されています．このように，UMLや抽象度の高いプログラミング言語を用いて設計します．

ここで，2つの整数を足し算するLSI（以降，「シンプル加算器」と呼びます）を設計することを考えます．図2.2に，例を示します．この「シンプル加算器」は，2つの整数値 x, y を入力すると，その値を足し合わせた結果を答え s として出力します．ここではそれぞれの値について，3桁までの0以上の整数を扱うことにしましょう．設計するLSIの仕様としては，3桁までの0以上の整数について， $s = x + y$ の演算が可能となることが求められます．システム設計では，これらの仕様について，UMLや抽象度の高いプログラミング言語を用いて記述します．

2.1.2 論理設計

論理設計では，システム設計での設計よりもう一段階具体化したレベルで設計します．この段階では，システム設計と比較して回路構成をより意識した設計となります．ここでは，**ハードウェア記述言語**（Hardware Description Language, **HDL**）と呼ばれる，ハードウェアの設計に特化した言語を利用します．代表的なハードウェア記述言語として，VHDLやVerilog HDLが用いられます．このハードウェア記述言語による記述では，**レジスタ転送レベル**（Register-Transfer Level, **RTL**）と**ゲートレベル**の2種類があります．

まず，比較的説明がシンプルなゲートレベル設計から解説します．ゲートレベル設計では，システム設計で設計した機能を実現するため，LSI上に配置する部品とその接続関係を決定します．ゲートレベル設計では，**セルライブラリ**と呼ばれる部品リストが用いられます．システム設計で設計された機能を実現するため，セルライブラリの中から最適な部品を選択し，部品どうしを接続します．このように，部品とその接続関係を示した一覧を，**ネットリスト**と呼びます．ゲートレベル設計では，このネットリストの作成が目的となります．

RTLの設計は，システム設計よりも回路を意識したものになりますが，ゲートレベルよりは抽象度が高いものです．RTLでは，レジスタに代表される記憶素子と，それ以外の部品との間の情報の流れを設計します．このように記述するのは，デジタル回路の設計の特徴に理由があります．デジタル回路設計で留意する点はいくつかありますが，その1つとして**クロック**[8]があります．日常生活では，コンピュータのCPUの性能を表す指標として，クロックの動作周波数が示されています．デジタル回路ではこのクロックに合わせて計算結果をレジスタなどの記憶素子に保持し，クロックとクロックの間で演算などの処理を行います．このような特性から，クロックや記憶素子を基準として処理を設計することで，デジタル回路全体の処理の流れを捉えることができます．RTLでは，そのような意識の元で回路を設計できます．ゲートレベル設計とRTL設計については，この後の章で具体的なプログラムの記述を示しながら解説します．

ここで，再び「シンプル加算器」の設計の例を取り上げ，論理設計に着目して考えます．図2.3に，論理設計の例を示します．システム設計の段階では，入力となる2つの整数値 x, y と，その和を表す s が，それぞれ3桁までの0以上の整数としました．これを論理設計すると，回路の部品との対応づけを行うことになります．より具体的には，デジタル回路に用いる二進数で表現・処理するた

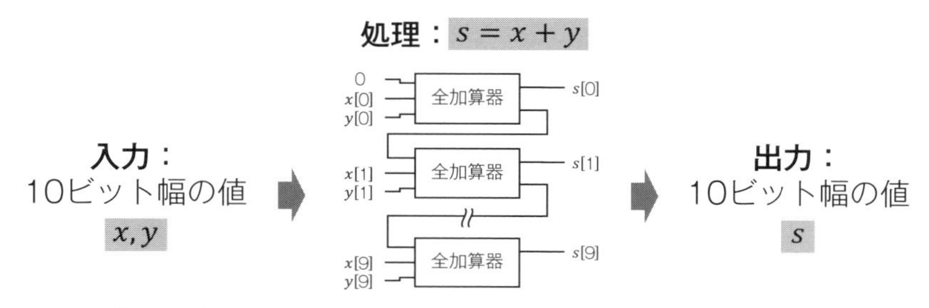

図2.3 「シンプル加算器」の論理設計の例．ゲートレベル設計まで完了すると，具体的にどのような回路で構成するかが決定されます．

[8] クロックは，デジタル回路が動作するタイミングを合わせるための，一定周期の信号です．

めの回路を設計します．回路の入出力としては，整数値 x, y, s がそれぞれ3桁までの0以上の整数であるため，10ビットの二進数[9]で表現します．RTLの設計では，「10ビット幅で表現される x, y, s の3つのポートのうち，入力を x, y，出力を s とする $s = x + y$ を実行する回路」として設計します．ゲートレベルの設計では，さらに回路の物理的な構成を意識して設計します．ここでは，第2.2.2項に示す，全加算器を利用することにします．10ビットの入出力に合わせて10個の全加算器を使用します．入力ポート x, y と出力ポート s に対して，10個の全加算器の接続関係を決定するのが，ゲートレベルの設計です．

2.1.3 レイアウト設計

レイアウト設計では，部品の物理的な配置・配線を設計します．論理設計までの段階では，どの部品を使用して，それらをどのように接続するかを，ゲートレベルのネットリストとして記述しました．しかしながら，ネットリストだけでは，それぞれの部品がLSIのどこに配置され，どのように配線されるかの具体的な位置情報は示されません．そこで，レイアウト設計を行います．レイアウト設計は，LSIにおける信号遅延などの電気的特性の上で重要な役割を果たします．処理として，配置・配線の工程があります．配置・配線を決定することをフロアプランとも呼びます．

配置工程のイメージとしては，部屋のレイアウトを決めることに似ています．たくさんの家具や道具を，自分の好きなように配置したいとします．もし広い部屋を用意できれば十分な空間があるので，好きなように家具や道具を配置できるでしょう．しかし，広い部屋に住むには，高額な家賃を支払う必要があります．また，掃除では広い部屋を隅々まで移動する必要があるため，大きな苦労となるでしょう．一方，狭い部屋を用意した場合，通路や窓などの制約もあって，家具や道具を配置するのに苦労するでしょう．しかし，狭い部屋よりも家賃は安く済みます．また，掃除をする場合にも広い部屋に比べると苦労せず，短時間で済ませられるでしょう．

部屋のレイアウトにおけるメリット・デメリットは，LSIにも当てはまります．

[9] 二進数の10ビットは，十進数の0から1023までを表現できるため，十進数の3桁までの整数を表すことができます．なお，二進数の9ビットでは十進数の0から511までを表現するため，今回の場合ではビット数が不足します．二進数については，第2.2.1項で説明します．

面積の大きいLSIを用意することは，それだけLSIの単価が上昇することを意味します．また，部屋の掃除の移動距離が長いことは，電気信号の伝達時間が長いことを意味します．電気信号は光速（秒速約30万キロメートル）に近い速度で伝達するためあまり影響がないように感じられますが，1GHzで動作するLSIを考えると1クロックのうちに電気信号が進む距離は長くても約30cm[10]と，意外にも短いものです．様々な部品を通ればそれだけ伝達時間もさらに遅くなるため，LSIの設計では電気信号の伝達時間は重要になります．一方，面積が小さいLSIでは価格を低く抑える点や電気信号の伝達時間が短くなる点のメリットがありますが，様々な制約を考慮して部品を配置する必要があります．

以上は配置の工程ですが，LSI設計では配線の工程も重要です．近年は3次元集積技術が活用されているため一部で縦方向の配線も可能ですが，大部分は平面での配線となります．配線が交差すると，その部分は立体的に配線する必要があるため，できるだけ避けたいものです．そのため，なるべく平面内で部品どうしを最適に配線できるよう，配置を工夫する必要があります．配置と配線は互いに影響し合う工程のため，最適なフロアプランを得るため交互に繰り返し実行します．最適なフロアプランを得る処理は難しく，様々な最適化アルゴリズムが提案されています．

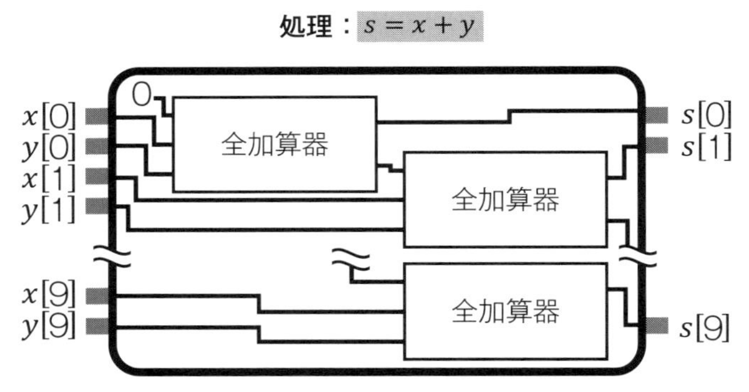

図2.4 「シンプル加算器」のレイアウト設計の例．LSI内部にどのように部品を配置し，どのように配線するかを決定します．

[10] 1GHzの1クロックは，10億分の1秒です．この時間に電気信号が進む距離は，配線に利用される金属の素材やスイッチング動作などを行う半導体部分によって，実際にはさらに短くなります．

図2.4に，「シンプル加算器」におけるレイアウト設計の例を示します．LSI内部に全加算器をどのように配置し，それらをどのように配線するかを決定します．これには，回路の構成に利用できる面積や，LSI外部との入出力ポートの位置の制約も考慮する必要があります．なお，レイアウト設計の最終工程では，全加算器などのゲートを構成するためのトランジスタの配線をどのように構成するかまでを，設計用のツール（第2.3.1項に示します）を用いて設計します．

2.1.4　検証

設計工程には，システム設計，論理設計，レイアウト設計の工程のほかに，設計した回路が正しく動作するかを検証する検証工程があります．検証工程は設計工程の最後に1回だけ実行するのではなく，各工程に合わせた粒度で検証します．例えば，システム設計や論理設計における検証では回路の入出力が期待通りとなるか，レイアウト設計における検証ではタイミングが期待通りとなるか，などです．また，特にレイアウト設計の結果は，マスク作成やその先の製造工程に影響を与えるため，製造できるプロセス幅や部品間隔が保たれているかも検証されます．

ここで実施される検証工程は，基本的には**設計された回路が，期待された仕様を満たしているかどうか**です．そのため，仕様に明記された動作については，仕様の通りに動作するか，要求された品質を満たすかについての確認が行われます．この検証のアプローチはいくつかあります．ここでは代表的なものとして，モデルに基づき検証する形式的検証と，テストパターンを用いたシミュレーション検証を解説します．

形式的検証では，設計したLSIの設計を数学的にモデル化[11]し，そのモデルに基づき動作が正しいかを検証します．モデル化された情報を用いて数学的に検証することで，LSIを実際に動かすことなく，LSIの動作が仕様を満たすかを検証することが可能となります．近年の大規模化したLSIではすべての状態を検証するのは非現実的ですが，形式的検証では理論上，LSIのすべての状態を網羅的に検証できます．しかし，前述のように形式的検証ではLSIの数学的なモデル化が必要なため，複雑に動作するLSIには適用するのが難しいものです．そのため，形式的検証の手法を適用できるのは，暗号回路など一部のLSIに限定されます．

[11] 回路の動作や仕様を数式的に記述することを指します．

テストパターンを用いたシミュレーション検証は，動的検証とも呼ばれます．**テストパターン**とは，LSIの動作を試験するための入力データのことです．シミュレーション検証では，設計情報に基づきLSIの動作をコンピュータ上でシミュレーションし，テストパターンを与えたときの動作結果が期待通りかを確認します．形式的検証と異なり数学的なモデルを用意する必要がないため，どのようなLSIであってもシミュレーション検証を適用できます．しかし，テストの網羅率[12]を100%にするのは困難です．大規模なLSIでは入出力と内部状態の組合せは膨大なため，そのすべてを現実的な時間内で検証できません．そのため，一部の代表的な入出力と内部状態を取り上げてテストパターンを作成し，検証します．これにより，仕様で記述されたうちの代表的な機能や，誤動作を起こしやすい箇所に対する検証を効率的に実施できます．

表2.1に，形式的検証とシミュレーション検証の特徴をまとめます．

ここまでに示した検証方法は，仕様として示されている機能や品質が満たされているかどうかを確かめるものでした．しかし，本書で対象とするハードウェアトロイは，検査時に見つからないよう隠ぺいされており，当然ながら仕様にも記載されていません．形式的検証ではLSIのすべての状態を網羅的に検証できるため，ハードウェアトロイを発見できる可能性がありますが，適用できるLSIには制約があります．一方，シミュレーション検証では，ハードウェアトロイの動作を引き起こすようなテストパターンを生成するのは困難です．従って，ハードウェアトロイを検知するためには，仕様に記載されていない機能を見つけるための手法が必要となります．このような課題を踏まえた上で，第4章でハードウェアトロイの検知方法を解説します．

表2.1　論理設計における検証

種類	形式的検証	シミュレーション検証
検証方法	回路を数学的にモデル化	テストパターンを用いて動作確認
適用可能な回路	限定的	どの回路にも適用可能
網羅性	高い	低い

[12] 設計したLSIが取り得るすべての入出力と内部状態に対する，テストパターンを用いて検証した入出力や状態の割合を指します．

2.2 LSI 設計における基礎技術

そもそも，LSI で用いられるデジタル回路は，どのようにして情報を処理するのでしょうか．ここでは，二進数や回路素子，ツール等の基礎技術を解説します．

2.2.1 二進数とバイナリデータ

デジタル回路上では，あらゆる情報が二進数を用いて表現されています．私たちが日常で目にする数字は，0 から 9 までの 10 個の数字を使った十進数です．それに対して，二進数とは 0 と 1 の 2 種類の数字だけで表現される数値のことです．例えば，数を数える場合を考えます．十進数で数える場合，ゼロから始めると，「0, 1, 2, 3, 4, 5, 6, 7, 8, 9, 10, ...」となります．11 個目の数字を数えるときには，0 から 9 の 10 種類の数字を使い切ってしまうので，桁を 1 つ繰り上げて「10」と 2 桁で表現します．一方，二進数で数える場合はどうなるでしょうか．ゼロから始めると，「0, 1, 10, 11, 100, 101, 110, 111, 1000, 1001, 1010, ...」となります．3 個目の数字を数えるときには，0 と 1 の 2 種類の数字を使い切っているので，桁を 1 つ繰り上げて「10」と 2 桁で表現します．つまり，二進数の「10」は十進数の「2」を表します．二進数ではこのように表現することで，0 と 1 の 2 種類の数字だけを用いて，桁を増やして 2 以上の数を表します．

このように二進数を数字で表現する場合は，「0」と「1」の 2 種類の数字を使います．では，LSI ではどのように表現されるでしょうか．LSI の回路では，電気信号の電圧が低い状態を「0」，電圧が高い状態を「1」として対応づけています．第 1.1.2 項では，LSI 内部ではトランジスタがスイッチのように動作していることを説明しました．具体的には電圧の高さを用いて 0 と 1 を表現し，トランジスタのスイッチング動作を活用することで，様々な情報を表現・処理します．

ここまでで，LSI 内部では二進数で数字が表現されることを説明しました．では，数字以外の情報はどうでしょうか．文字を表現する場合は，それぞれの文字に文字コードを割り当てます．例えば，「LSI」の文字は，「1001100, 1010011, 1001001」（十進数では 76, 83, 73）に対応づけられています．文字コードを対応づける方法はいくつかありますが，英数字には ASCII コードが一般的に利用されています．日本語などのあらゆる文字についても，いくつか種類はあるのですが，数値に対応づける方法が用意されています．このように文字コードを割り当てることで，二進数で文字が表現されます．

画像を表現する場合は，画像をメッシュ状に分割された点の集まりとして捉えます．それぞれの点には，光の三原色である赤，緑，青の値が割り当てられており，それぞれの分量で配合された色を表します．つまり，1つの画像は赤，緑，青の3色を混ぜた色を持つ点の集まりとして表現されます．動画の場合は，画像が何枚もパラパラ漫画のように続くものとして表現されます．なお，画像や動画の場合は 0, 1 の桁数が非常に大きくなるので，圧縮技術により簡略化して表現されます．

このように，0, 1 で表現されたデータは，バイナリデータと呼ばれます．バイナリデータでは，0, 1 の1桁を1ビットと呼びます．8ビット集まった情報は，1バイトと呼びます．実際の情報は1バイト単位の情報となるため，データを入出力・処理する回路では，信号線や後述するレジスタを1バイト単位で設計することが多いものです．

2.2.2　デジタル回路の部品

ここまで，LSI では情報が二進数で表現されることを説明しました．ここからは，二進数を使ってどのように情報を処理するかを解説します．

二進数を使って情報を処理する理論を，**ブール代数**と呼びます．ブール代数では，基本的な演算子として論理否定，論理和，論理積があり，これらを組み合わせることで様々な処理を実現します．以下に続く項では，二進数における演算を行うゲートと，その応用回路，そして記憶素子であるレジスタについて解説します．

NOT ゲート

NOT ゲートは，論理否定の演算を行います．「否定」という名の通り，入力 A に対して，2進数の値「0」または「1」を反転した出力を返します．表 2.2 に，NOT ゲートにおける入出力の対応を示します．また，図 2.5 に，NOT ゲートの回路図を示します．数式では，記号「$\overline{}$」を用いて，式（2.1）で表されます．

$$X = \overline{A} \tag{2.1}$$

OR ゲート

OR ゲートは，論理和の演算を行います．二進数の値が2つ入力されるとき，少なくともどちらか一方が1のとき，1を出力します．表 2.3 に，2入力 OR ゲートの入出力の対応を示します．また，図 2.6 に，OR ゲートの回路図を示しま

表 2.2 NOT ゲートの入出力

A	**X**
0	1
1	0

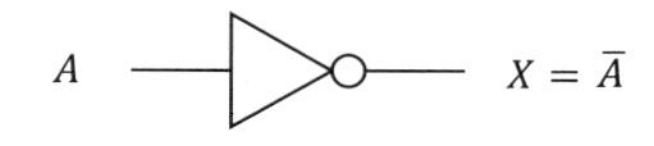

図 2.5 NOT ゲートの回路図

表 2.3 OR ゲートの入出力

A	**B**	**X**
0	0	0
0	1	1
1	0	1
1	1	1

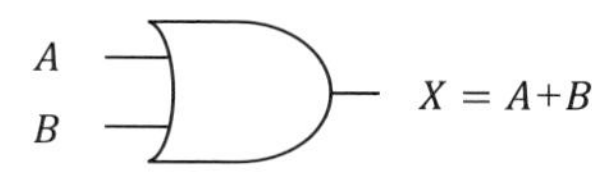

図 2.6 OR ゲートの回路図

表 2.4 NOR ゲートの入出力

A	**B**	**X**
0	0	1
0	1	0
1	0	0
1	1	0

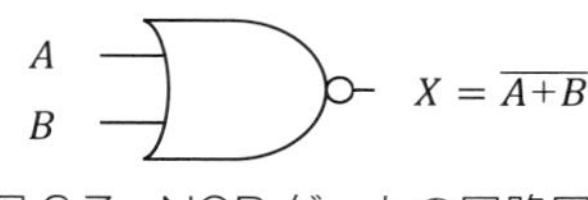

図 2.7 NOR ゲートの回路図

す．数式では，演算子「+」を用いて式（2.2）で表されます．

$$X = A + B \tag{2.2}$$

OR ゲートの出力に NOT ゲートを組み合わせた，否定論理和の演算を行う，**NOR ゲート**も使用されます．表 2.4 に，2 入力 NOR ゲートの入出力の対応を示します．また，図 2.7 に，NOR ゲートの回路図を示します．数式では，式（2.3）で表されます．

$$X = \overline{A + B} \tag{2.3}$$

さらに，2 つの入力が異なるときに 1 になる，排他的論理和の演算を行う，**XOR ゲート**も存在します．表 2.5 に，2 入力 XOR ゲートの入出力の対応を示します．また，図2.8に，XORゲートの回路図を示します．数式では，演算子「⊕」を用いて式（2.4）で表されます．

$$X = A \oplus B \tag{2.4}$$

表 2.5 XOR ゲートの入出力

A	**B**	**X**
0	0	0
0	1	1
1	0	1
1	1	0

A, B, $X = A \oplus B$

図 2.8 XOR ゲートの回路図

表 2.6 AND ゲートの入出力

A	**B**	**X**
0	0	0
0	1	0
1	0	0
1	1	1

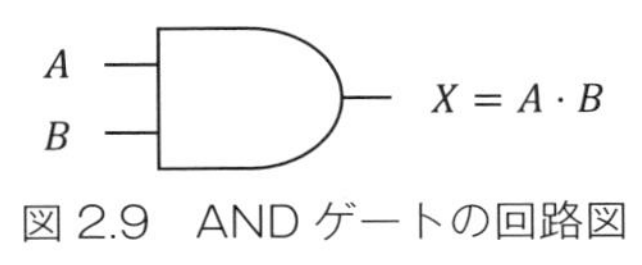

図 2.9 AND ゲートの回路図

AND ゲート

AND ゲートは，論理積の演算を行います．2 入力の AND ゲートでは，2 つの二進数の入力に対して両方が 1 のとき，1 を出力します．表 2.6 に，2 入力 AND ゲートの入出力の対応を示します．また，図 2.9 に，AND ゲートの回路図を示します．数式では，演算子「·」を用いて式（2.5）で表されます．

$$X = A \cdot B \tag{2.5}$$

NOR ゲートと似たように AND ゲートの出力に NOT ゲートを組み合わせた，否定論理積の演算を行う，**NAND ゲート**も使用されます．表 2.7 に，2 入力 NAND ゲートの入出力の対応を示します．また，図 2.10 に，NAND ゲートの回路図を示します．数式では，式（2.6）で表されます．

$$X = \overline{A \cdot B} \tag{2.6}$$

マルチプレクサ

マルチプレクサとは，複数の入力から 1 つの入力を選択して出力する回路です．複数の信号源の中から，出力する信号を 1 つ選択する際に使用されます．

2 入力 1 出力のマルチプレクサを例に解説します．入力信号として，A と B，2 つの 1 ビット値を受け取ります．これに加えて，選択信号として 1 ビット値

表 2.7　NAND ゲートの入出力

A	**B**	**X**
0	0	1
0	1	1
1	0	1
1	1	0

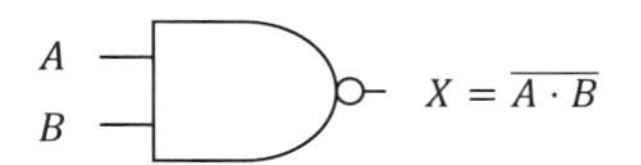

図 2.10　NAND ゲートの回路図

表 2.8　2 入力 1 出力マルチプレクサの入出力

A	**B**	**S**	**X**
0	0	0	0
0	1	0	0
1	0	0	1
1	1	0	1
0	0	1	0
0	1	1	1
1	0	1	0
1	1	1	1

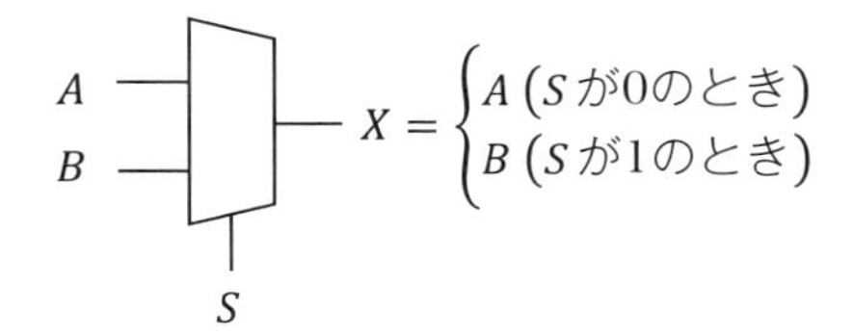

図 2.11　マルチプレクサの回路図

S を受け取ります．1 ビットの出力 X は，S が 0 の場合に A の値，S が 1 の場合に B の値となるように，入力信号 S の値に応じて切り替わります．

表 2.8 に，2 入力 1 出力マルチプレクサの入出力の対応を示します．また，図 2.11 に，マルチプレクサの回路図を示します．数式では，式 (2.7) で表されます．

$$X = \begin{cases} A & (S \text{ が } 0 \text{ のとき}) \\ B & (S \text{ が } 1 \text{ のとき}) \end{cases} \tag{2.7}$$

なお，マルチプレクサは NOT ゲート，AND ゲート，OR ゲートを組み合わせて記述できます．2 入力 1 出力のマルチプレクサを論理ゲートで実装する場合，式 (2.8) で表されます．

$$X = (A \cdot \overline{S}) + (B \cdot S) \tag{2.8}$$

表2.9 半加算器の入出力

A	***B***	***S***	***C***
0	0	0	0
0	1	1	0
1	0	1	0
1	1	0	1

加算器

加算器とは，その名の通り1ビットの値を入力として受け取り，加算する回路です．半加算器と全加算器の2種類があります．

半加算器は，入力として1ビットの値を2つ受け取り，出力として繰り上がり（キャリー）を含めた2ビットの値を出力します．表2.9に，半加算器の入出力の対応を示します．

半加算器に対して全加算器では，1ビット値を3つ受け取り，出力として繰り上がりを含めた2ビットの値を出力します．半加算器と全加算器の違いは，入力する値の数です．全加算器で受け取れるもう1ビットは，前の加算器から受け取る繰り上がりの値（キャリー）とみなすことができます．これにより，全加算器を N 個数珠つなぎにすることで，N ビットの値の加算器を構成できます．表2.10に，全加算器の入出力の対応を示します．

加算器は，論理ゲートを用いて構成できます．まず半加算器は，排他的論理和と論理積を用いて記述できます．式にすると，式(2.9)，(2.10)のように表されます．

$$S = A \oplus B \tag{2.9}$$

$$C = A \cdot B \tag{2.10}$$

全加算器は，式(2.11)，(2.12)のように表されます．

$$S = (A \oplus B \oplus C_i) \tag{2.11}$$

$$C_o = (A \cdot B) + (B \cdot C_i) + (C_i \cdot A) \tag{2.12}$$

なお，全加算器の式は，式(2.13)，(2.14)のように変形されます．

$$S = (A \oplus B) \oplus C_i \tag{2.13}$$

$$C_o = (A \cdot B) + ((A \oplus B) \cdot C_i) \tag{2.14}$$

表 2.10 全加算器の入出力

A	B	C_i	S	C_o
0	0	0	0	0
1	0	0	1	0
0	1	0	1	0
1	1	0	0	1
0	0	1	1	0
1	0	1	0	1
0	1	1	0	1
1	1	1	1	1

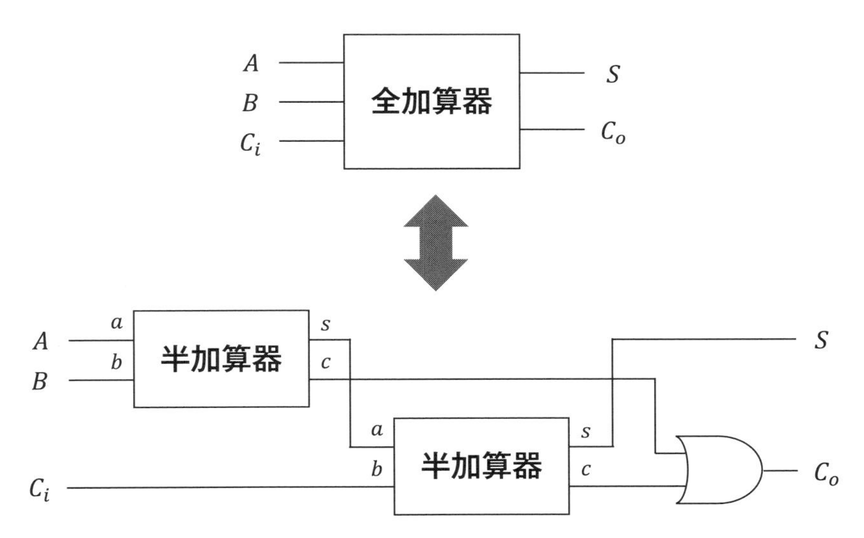

図 2.12 半加算器と OR ゲートとを組み合わせた全加算器の構成

このうち，「$A \oplus B$」は式 (2.9) に，「$A \cdot B$」は式 (2.12) に対応するため，1 つの半加算器に置き換えることができます．また，ほかの排他的論理和と論理積の演算はもう 1 つの半加算器で置き換えることができるため，全部で 2 つの半加算器と 1 つの論理和演算で置き換えることができます．図 2.12 に，2 つの半加算器と 1 つの OR ゲートで全加算器を構成する回路図を示します．

フリップフロップ

フリップフロップは，1ビットの値を記憶する部品です．複数個のフリップフロップを用いることで，多ビットの値を記憶できる**レジスタ**が構成されます．

フリップフロップの入力には，記憶させるデータのほかに，クロック信号とリセット信号があります．クロック信号は，値を記憶するタイミングを同期する信号です．リセット信号は，レジスタやフリップフロップ内の値を初期化する信号です．フリップフロップでは，クロックの立ち上がり（または立下りのどちらか）のタイミングで，入力信号として入力された0または1の値を取り込みます．一度取り込むと，フリップフロップの出力には，その値が保持されます．次のクロックの立ち上がり（または立ち下りのどちらか）のタイミングで新しい入力信号を取り込み，出力の値を更新します．このようにクロックのタイミングを用いて，入力信号を取り込むタイミングを決めます．これにより，クロックのタイミングに合わせて値を記憶ができます．

レジスタは，このフリップフロップが連なったものです．フリップフロップでは1ビットだけを保持するのに対し，レジスタは数ビットをまとめて保持します．レジスタは，LSIの内部状態を保持するのに利用されます．

なお，1ビットの値を記憶する部品として，**ラッチ**もあります．ラッチも値を保持する回路ですが，クロックに同期せず特定の信号が入力されるとその値を保持します．クロックのタイミングで値を記憶するフリップフロップに比べて，ラッチを用いた場合にはタイミングを考慮した設計が必要となり，設計が複雑になります．そのため，ハードウェアトロイ構成の観点ではあまり使われません．

2.2.3 組合せ回路と順序回路

デジタル回路には，組合せ回路と順序回路の2種類が存在します．以下，それぞれの回路について解説します．

組合せ回路とは，入力した値に応じて出力がすぐさま決まる回路です．より具体的には，NOTゲートやANDゲートなどの論理ゲートを組み合わせた回路です．この回路では，入力を与えるとすぐさま値が計算され，結果が出力されます．例えば加算回路や減算回路は，組合せ回路として構成されます．

順序回路とは，内部状態と呼ばれる内部で保持した値に応じて，入力した値に対する出力の値がその時々で変化する回路です．より具体的には，フリップフロップを用いて何らかの情報を保持する回路になります．この回路では，同じ入力を与えたとしても，内部で保持する情報（内部状態）に応じて出力が変化します．例えば，カウンタ回路は順序回路として構成されます．カウンタ回路では，初期値の 0 に 1 を加えた 1 が出力され，その結果がレジスタに保持されます．次にもう一度 1 を与えると，レジスタで保持されている 1 に入力された 1 を加えた 2 が出力され，その値がレジスタに保持されます．このように，順序回路では内部の状態を保持・更新しながら処理を実行します．

一般に LSI は，レジスタとレジスタの間を組合せ回路でつないだ，順序回路として構成されます．組合せ回路の処理結果をレジスタで保持し，クロックで同期させながら次の処理を実行することで，複雑な処理を可能にします．

2.3　ハードウェア記述言語による設計

2.3.1　設計のための環境・ツール

EDA ツール・論理合成・高位合成

EDA とは，電子設計自動化（Electronic Design Automation）を指します．**EDA ツール**は，LSI の設計を効率化するもので，設計の各工程に合わせたツールが使用されます．

論理設計の工程では，**論理合成**[13] に使用されます．第 2.1.2 項で示したように，論理設計では RTL 記述とゲートレベル記述の 2 通りの記述方式があります．このうち，RTL 記述の方が，人間が理解しやすい形式で記述されています．この記述のままでは LSI の回路を構成できないため，ゲートレベル記述に変換する必要があります．その操作を，論理合成と呼びます．

この論理合成ではゲートレベル記述への変換の際に，目的に応じた最適化を行います．LSI の設計では，その製品で求められる仕様や価格によって，重要視される項目が異なります．より具体的には，性能は重視せず安価にする必要もあれば，高価になったとしても性能（速度）を重視することがあります．論理合成の最適化では，そのようなパラメータを考慮してゲートレベル記述を生成します．

さらに最近では，**高位合成**と呼ばれる技術が活用されています．これは，C 言語などのソフトウェア向けプログラミング言語で記述されたプログラムから論理

---

[13]「論理」とは，「論理回路」，すなわち LSI 上に構成するデジタル回路を指します．

合成をして，ゲートレベル記述を生成する技術です．以前はあまり良い論理合成結果が得られないこともありましたが，近年では実装する回路の複雑化と高位合成技術の発展により，しばしば利用されています．ただし，最適な論理合成結果を得るためには「#pragma」ディレクティブを用いて高位合成コンパイラに指示を与える必要があり，その点では回路構成の知識や経験が要求されます．

IP

IPは，Intellectual Propertyの略です．LSIのサプライチェーンでは，LSIを構成するためのよく使われる機能部品を指します．

プロセッサや通信インターフェースなどの基本的な機能は，様々なLSIで共通の形式で使用されます．このような機能をそれぞれで実装するのは，非効率的です．そこで，IPとしてパッケージ化されます．IPとして導入した機能部品は，ブラックボックスのように扱うことができます．設計者はIPの中身を熟知しなくとも，IPに対する入出力の手続きさえ理解できれば，機能部品を利用できるようになります．

IPを提供する事業者は，IPベンダーと呼ばれます．第1.2節で触れたように，近年は水平分業型のサプライチェーンになっています．そのため，ファブレス企業としてIPの販売を専門に行う著名な企業がいくつかあり，サプライチェーンにおいて重要な役割を果たしています．

また，研究の世界でもIPは積極的に活用されています．OpenCores[14]では，プロセッサ，通信インターフェース，暗号回路，メモリ，画像処理など，多種多様なIPコアが公開されています．公開されているIPコアの中にはオープンソースのライセンスが明示されているものもあり，規約に則って利用できます．

セルライブラリ

セルライブラリは，LSIを構成するもっとも基本的な部品を定義したライブラリです．ここで定義される部品は，**プリミティブセル**と呼ばれます．プリミティブセルとしては，具体的には，NOTゲートやORゲートなどの論理ゲート，それらをいくつか組合わせた複合ゲート，半加算器や全加算器などの機能部品が挙げられます．セルライブラリは，実際にシリコンウェア上に構成される回路の物

[14] https://opencores.org/

理的な構成情報も含まれます．すなわち，それぞれの部品がどのようなポートを持ち，どのように回路として構成され，どのような電気的特性を持つかといった情報も収録されています．

RTL 記述をゲートレベル記述に変換する際は，このセルライブラリの参照が必要になります．RTL 記述では抽象化されていた演算をゲートレベル記述では物理的な部品や接続情報として記述しなければなりません．そこで，利用可能な部品としてセルライブラリに収録されたプリミティブセルの中から，最適なものを選択して回路を構成します．

論理合成の最適化とセルライブラリの選択によって，同じ RTL 記述であっても異なるゲートレベル記述に変換されます．例えば，セルライブラリ A では 2 入力の AND ゲートだけが存在し，セルライブラリ B では 2 入力と 3 入力の AND ゲートが存在すると仮定します．5 つの入力に対する AND 演算を行う回路を実装する場合，セルライブラリ A を使った論理合成では 4 つの 2 入力 AND ゲートを使った 3 段の回路が，セルライブラリ B を使った論理合成では 2 つの 3 入力 AND ゲートを使った 2 段の回路が考えられます[15]．回路の構成例を図 2.13 に示します．このように，セルライブラリの選択によって，ゲートレベルの回路が異なります．

この後の章で解説するハードウェアトロイ検知では，ゲートレベルの回路の構成が変化する点にも触れます．

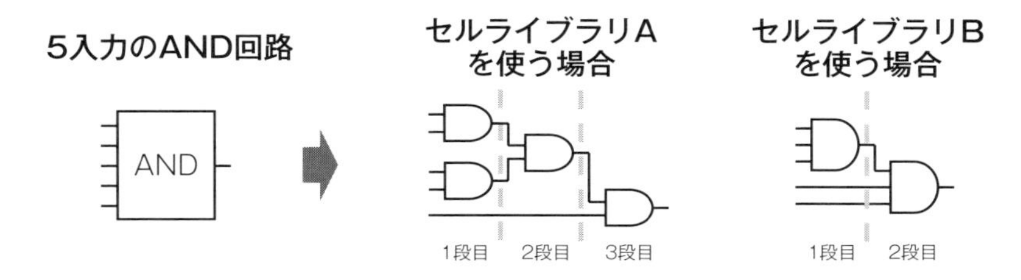

図 2.13　5 入力 AND 回路を，2 種類のセルライブラリで論理合成した場合の例

[15] 実際の論理合成では NAND ゲートや NOR ゲートなども利用される可能性がありますが，ここでは簡単化のため AND ゲートだけを使っています．

ASICとFPGA

本書ではここまで，実はASICと呼ばれる種類のLSIを前提として紹介していました．ここで，もう1つの種類である，FPGAを紹介します．

そもそもASICとは，Application-Specified Intergated Circuitの略で，特定のアプリケーション専用のICを指します．例えば，通信インターフェースやプロセッサなど，何らかの機能に特化して物理的に回路を実装したICです．

一方，近年では回路を再構成できる，FPGA（Field Programmable Gate Array）と呼ばれる種類のLSIも存在します．FPGAでは，LSIの内部に複数の論理ゲートや回路部品を搭載し，LUT（Look Up Table）の設定を切り替えて配線を構成します．LUTの設定は不揮発メモリに記録されており，この設定を書き換えることでFPGA内部の回路を柔軟に再構成できます．FPGAは単価が高くなるものの回路を柔軟に構成できる特徴から，LSIの試作や高性能な測定機材などで利用されます．

FPGAを対象とした設計の流れは，論理設計のフローまではほとんど同じです．違う点としては，論理合成の処理で，セルライブラリではなくFPGAに特化したライブラリを参照し，使用する部品や配線を最適化します．なお，FPGAに似た小規模な再構成可能ICとして，CPLD（Complex Programmable Logic Device）もあります．

2.3.2 ハードウェア記述言語の種類

ハードウェア記述言語の大きな特徴は，並列動作する記述が可能な点です．通常のソフトウェアでは，プログラムは上から順に処理される前提で記述されます．もちろん，一部の処理は並列処理用に記述できますが，それは特定の関数やブロックを並列に実行するのであって，その関数やブロックの中身は上から順に実行されます．一方，ハードウェア記述言語では，データが並列に流れることが前提となっています．これは，ハードウェア記述言語では回路を意識した記述となっているからです．ハードウェア記述言語中の変数は，電気信号を意味します．電気信号であるため，その変数を用いる機能部品には同時並列的に信号が伝達されます．また，それらの機能部品には物理的に独立した部品として回路上に構成されるため，並列に処理できます．

現在，ハードウェア記述言語として，RTL記述やゲートレベル記述の双方に対応するのは，主に2つあります．以下では，2つのハードウェア記述言語について簡単に触れます．

VHDL

VHDLは，1980年代に米国防総省の主導で開発されたハードウェア記述言語です．1987年には米国電気電子学会（IEEE）で標準化されています．

プログラムは，大きく分けて`entity`部と`architecture`部に記述します．`entity`部では，そのモジュールのポートや外部から指定される定数を指定します．`architecture`部では，そのモジュール内の回路を定義します．

現在，商用の多くのEDAツールでは，VHDLがサポートされています．

Verilog HDL

Verilog HDLは，VHDLよりも少し後の1984年に開発された，ハードウェア記述言語です．その後1993年に，VHDLと同様にIEEEで標準化されています．Verilog HDLのプログラムでは，VHDLとは異なり，モジュール内にポートや定数，変数を定義します．VHDLと比較するとコード量が少なく済むといわれています．Verilog HDLも，VHDLと同様に商用の多くのEDAツールでサポートされているほか，Icarus Verilog[16]などの無償ツールでも利用できます．

VHDLとVerilog HDLのどちらを使うべきか，しばしば議論されます．商用EDAツールの多くは両方の言語をサポートしており，あまり問題にはなりません．そのため，組織などでIPなどの資産として蓄積しているほうを優先する，という意見もあります．もし今からハードウェア記述言語を勉強するなら，Verilog HDLの方がオープンソースのツールも多く公開されており，ハードルは低いでしょう．[17]

本書では，ハードウェアトロイ研究におけるデータセットとして使われることが多い，Verilog HDLを用います．

---

[16] https://steveicarus.github.io/iverilog/

[17] なお，文献［Golson and Clark, 2016］によれば，近年の主流は，Verilog HDLやその拡張であるSystem Verilogのようです．

2.3.3 Verilog HDL を用いた回路の記述

Verilog HDL の記述例

ここでは，Verilog HDL で記述されたプログラムを見ながら，どのように回路が構成されるかを解説します．

例として，3 ビットの「累積加算器」を実装します．この累積加算器では値を 1 つ入力すると，レジスタに保持していた最後の出力に最新の入力値を加算して更新し，その結果を出力します．次々に入力を与えることで，累積して加算した最新の結果が出力されます．入力には加算する値のほかに，1 ビットのクロック信号とリセット信号を与えます．クロック信号は，入力を加算するタイミングを制御します．リセット信号は，累積した加算結果を保持するレジスタの値を 0 にリセットします．

この累積加算器は，より具体的には次のように処理します．まず，クロック信号 `clock` に対して，0 と 1 を繰り返す信号を供給します．クロック信号が 0 から 1 に変化するとき（立ち上がるとき，と表現します），もしリセット信号 `reset` が 0 になっていれば内部を初期化して累積値を 0 にします．なお，このリセット信号のように 0 のときに処理が有効化されることを，アクティブローと呼びます．

■ RTL 記述の例　この「累積加算器」について，Verilog HDL の RTL 記述として記述した例を，プログラム 2.1 に示します．Verilog HDL の細かい文法については，この後の節で簡単に示します．ここではまず，雰囲気をつかみます．

図 2.14 に，「累積加算器」をコンピュータ上でシミュレーションした結果を示します．シミュレーション画面の横軸は，簡単のため秒単位になっています．シミュレーション開始から 2 秒後にあるクロックの立ち上がりで，リセット信号が機能して出力の `out` が 0 になっています．開始から 9 秒後のタイミングで，入力信号 `in` に 2 が入力されます．すると，その後のクロックの立ち上がりである開始 10 秒のタイミングで元の出力値「0」と入力値「2」が加算され，「2」が出力されます．次のクロックの立ち上がりである開始 14 秒では，元の出力値「2」と入力値「2」が加算され，「4」が出力されます．開始 17 秒のタイミングで入力を「1」に変更しているため，開始 18 秒のタイミングでは出力は「5」になります．

プログラム 2.1　累積加算器（RTL 記述）の記述例.

```
 1  module adder (
 2      input clock,
 3      input reset,
 4      input [2:0] in,
 5      output [2:0] out
 6  );
 7
 8      reg [2:0] sum;
 9      assign out = sum;
10
11      always @ (posedge clock or posedge reset) begin
12          if (reset == 1'b0) begin
13              sum <= 0;
14          end
15          else begin
16              sum <= sum + in;
17          end
18      end
19
20  endmodule
```

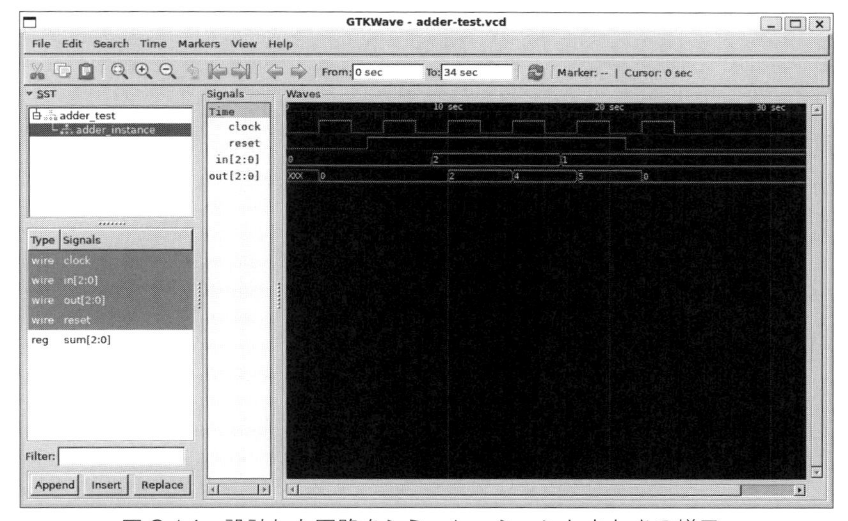

図 2.14　設計した回路をシミュレーションしたときの様子.

■ゲートレベル記述の例 次に，この回路をゲートレベルで表現します．プログラム 2.2 に，累積加算器をゲートレベルで記述した例を示します．RTL 記述と比較すると，記述の量が多くなるとともに，どのような処理を行っているのか直観的には理解が難しい形式になっています．ゲートレベルのソースコードを見ると，12 行目から 32 行目の先頭に，`xor2`，`and2`，`or2`，`dff` の記述が見られます．このソースコードでは，それぞれ 2 入力 XOR ゲート，2 入力 AND ゲート，2 入力 OR ゲート，フリップフロップに対応します．これらを，2 行目から 10 行目の間で `input`，`output`，`wire` として宣言した配線で，接続しています．ゲートレベルの記述では，このような形で，LSI 内部で使用する部品とその配線の情報が記述されます．

RTL 記述とゲートレベル記述を見比べると分かる通り，記述の分量や分かりやすさが大きく異なります．RTL 記述では 16 行目に「`+`」記号を使った足し算の命令があるように，ここで足し算が行われていることが推測できます．また，12 行目から 17 行目では「`if`」ブロックが記述されていることから，プログラミングの経験のあるかたであれば，条件分岐の処理が記述されていると推測できます．しかし，ゲートレベル記述はどうでしょうか．その記述はプリミティブセルとその間の接続関係のリスト（ネットリスト）であり，どのような処理が行われているか一目見ただけでは分かりません．半加算器が排他的論理和や論理積のゲートで構成されることを知っていれば，12, 13 行目の記述を見て半加算器であると判断できるかもしれません．しかし，プログラム 2.2 は処理ごとに分かりやすくなるようブロックに分けて記述しているのであって，12 行目と 13 行目が離れて記述されていてもプログラムとしては問題ありません．その場合，信号線の接続関係を解析する必要があります．記述量が大規模になれば，もはや人間が理解するのは困難です．

モジュール

モジュールでは，ソフトウェアのプログラミングでいう「クラス」に似たようなもので，再利用できる部品になります．Verilog HDL では，`module` キーワードと `endmodule` キーワードで囲まれた範囲が，モジュールとなります．

プログラム 2.2 累積加算器（ゲートレベル記述）の記述例

```
1   module adder (
2       input clock,
3       input reset,
4       input [2:0] in,
5       output [2:0] out
6   ) ;
7
8       wire fa1_s, fa1_co;
9       wire fa2_s, fa2_co, fa2_s1, fa2_c1, fa2_c2, fa2_c3, fa2_c4;
10      wire fa3_s, fa3_co, fa3_s1, fa3_c1, fa3_c2, fa3_c3, fa3_c4;
11
12      xor2 xor_fa1_1 (in [0] , out [0] , fa1_s) ;
13      and2 and_fa1_1 (in [0] , out [0] , fa1_co) ;
14      dff  dff_bit1 (clock, reset, fa1_s, out [0]) ;
15
16      xor2 xor_fa2_1 (in [1] , out [1] , fa2_s1) ;
17      xor2 xor_fa2_2 (fa1_co, fa2_s1, fa2_s) ;
18      and2 and_fa2_1 (in [1] , out [1] , fa2_c1) ;
19      and2 and_fa2_2 (out [1] , fa1_co, fa2_c2) ;
20      and2 and_fa2_3 (fa1_co, in [1] , fa2_c3) ;
21      or2  or_fa2_1 (fa2_c1, fa2_c2, fa2_c4) ;
22      or2  or_fa2_2 (fa2_c3, fa2_c4, fa2_co) ;
23      dff  dff_bit2 (clock, reset, fa2_s, out [1]) ;
24
25      xor2 xor_fa3_1 (in [2] , out [2] , fa3_s1) ;
26      xor2 xor_fa3_2 (fa2_co, fa3_s1, fa3_s) ;
27      and2 and_fa3_1 (in [2] , out [2] , fa3_c1) ;
28      and2 and_fa3_2 (out [2] , fa2_co, fa3_c2) ;
29      and2 and_fa3_3 (fa2_co, in [2] , fa3_c3) ;
30      or2  or_fa3_1 (fa3_c1, fa3_c2, fa3_c4) ;
31      or2  or_fa3_2 (fa3_c3, fa3_c4, fa3_co) ;
32      dff  dff_bit3 (clock, reset, fa3_s, out [2]) ;
33
34  endmodule
```

モジュールの 1 行目には，モジュール名とその中のポートが記述されます．ポートとは，モジュールの内部と外部をつなぐ入出力としてやり取りされる信号のことです．名称だけでなく，その信号が入力か出力か（あるいはその両方か）

も，モジュール内で宣言します．セミコロン「;」までが，この最初の宣言部分になります．それ以降は，最初の部分で必要な配線やレジスタを定義します．その後，回路を構成する記述が続きます．

モジュールは，別のモジュールからインスタンス化[18]して呼び出すことができます．これにより，同じ機能部品の記述を効率化できます．呼び出すときは，モジュール名，モジュールのインスタンス名と，そのモジュールに接続する信号線を記述します．モジュールのインスタンス名は，その設計の中で固有の名称です．これにより，同じモジュールを何回でも使いまわしできます．

変数

RTL記述で値を保持する場所としての変数は，regキーワードやwireキーワードで宣言されます．これらの記述と物理的な回路との間では，前者はレジスタ，後者は信号線に対応します．regキーワードで宣言されたレジスタは，ソフトウェアのプログラムにおける変数と同様に，何らかの値を格納する場所になります．一方，wireキーワードで宣言された信号線は，ソフトウェアのプログラムにおける変数とは異なります．信号線は回路における部品どうしを接続する配線に相当するため，その信号線自体が常に特定の値を保持することはありません．このような違いから，RTL記述ではそれぞれを意識してプログラムを記述します．なお，ゲートレベル記述では基本的にレジスタをモジュールのインスタンスとして記述し，wireキーワードで宣言した信号線を用いて部品どうしを接続します．

RTL記述では，変数に値を代入する際，「継続的代入」と「手続き的代入」を使い分けます．プログラム2.1では，9行目のassignを用いた文が，継続的代入です．assign文では，「=」記号でつながれた右辺と左辺の信号線を接続します．物理的な回路でも，2つの配線を結線するイメージです．簡単な組合せ回路であれば，assign文だけで記述できます．一方，手続き的代入は，always文など[19]に記述されます．手続き的代入はさらに，「ブロッキング代入」と「ノンブロッキング代入」に分けられます．このように2種類の代入方法があるのは，電気信号が同時並列的に伝達するためです．ブロッキング代入は，プログラムを記述した順序で演算が進む（次の行の実行をブロックする）もので，「=」記号

[18]「モジュールとして定義した機能部品を実際の部品として配置すること」のようなイメージです．
[19]ほかにもinitial文，task文，function文などがあります．

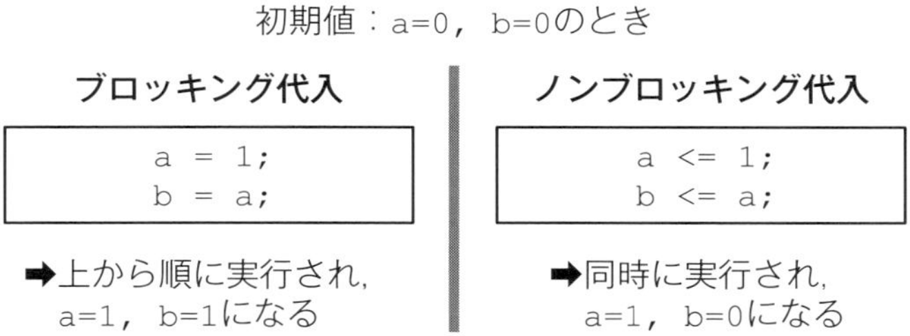

初期値：a=0，b=0のとき

ブロッキング代入

```
a = 1;
b = a;
```

➡上から順に実行され，
a=1，b=1になる

ノンブロッキング代入

```
a <= 1;
b <= a;
```

➡同時に実行され，
a=1，b=0になる

図 2.15　ブロッキング代入とノンブロッキング代入で挙動が異なる例

を用います．記述した順に実行されることから，組合せ回路のように起点となる信号線やレジスタから順に接続された回路が生成されると期待されます．ノンブロッキング代入は，同じブロック内の代入を同時に実行する（次の行の実行をブロックしない）もので，「<=」記号を用います．そのため，一時的に値を保持し，タイミングに従って同時に値を更新する，レジスタが使われることになります．つまり，レジスタを使用した順序回路が構成されます．

図 2.15 に，ブロッキング代入とノンブロッキング代入で挙動が異なる例を示します．この例では，初期値として $a = 0$，$b = 0$ とします．ブロッキング代入では上から順に実行されるため，1 行目で a に 1 が代入され，2 行目では b に a の値，すなわち 1 行目で更新された 1 が代入されます．一方ノンブロッキング代入では，1 行目と 2 行目が同時に実行されます．1 行目で a に 1 が代入される点は，ブロッキング代入と同様です．しかし 2 行目は 1 行目と同じタイミング，すなわち初期値が格納されている $a = 0$ のタイミングで実行されるため，b には a が更新される前の値である 0 が代入されます．

第3章 ハードウェアトロイのモデル化

第２章では，ハードウェアトロイの技術的な構成要素の理解に向けて，LSI設計における基礎技術を解説しました．本章では，ハードウェアトロイの背景や特徴の理解に向けて，ハードウェアトロイがどのようなものかを整理し，分類します．また，分類から導き出される特徴を明らかにします．

3.1 なぜ・どのようにハードウェアトロイを組み込むのか

本節では，ハードウェアトロイを攻撃者の視点で分析します．第１章で述べたように，本書ではLSIの設計フェーズで挿入されるハードウェアトロイに着目します．LSIの設計フェーズでは，第２章で解説したように，設計情報がハードウェア記述言語で記述されます．設計フェーズにおけるハードウェアトロイは，このハードウェア記述言語で記述されたLSIの設計に挿入されます．ハードウェア記述言語はプログラミング言語の一種ともいえることから，ハードウェアトロイは，さながらソフトウェアのプログラムに組み込まれた不正機能である「マルウェア」の「ハードウェア版」ともいえます．

続く各項では，ハードウェアトロイを挿入する攻撃者やその動機，攻撃者がどのように挿入するかを整理します．

3.1.1 攻撃者とその動機

ハードウェアトロイを挿入する攻撃者は，ハードウェアの設計（あるいは製造）に関する高度な知識を有していると考えられます．ハードウェアトロイをLSI設計情報に挿入するためには，ハードウェア設計情報の書き換えや後段の製造工程を考慮した最適化が必要なことから，ハードウェアの設計・製造に関する知識が必要です．ハードウェアの設計・製造には専門的で高価なツールや装置が必要なことから，その知識も専門的なものとなり，習得は簡単ではありません．そのような背景から，ハードウェアトロイを組み込む攻撃者は，以下に示す外部犯と内部犯に大別されます［Bhunia et al., 2014, Xue et al., 2020］．

- **外部犯**：国家レベルの攻撃組織や敵対事業者
- **内部犯**：組織内部の関係者

以下では，外部犯と内部犯，それぞれの動機を検討します．

外部犯の場合

外部犯として，国家レベルの攻撃組織や敵対事業者などが考えられます．これらに共通する特徴として，一定の資金や技術力を持つ組織である点が挙げられます．第1.2節で触れたように，LSIのサプライチェーンは水平分業型の産業構造であるため，第三者の設計者として多数の事業者が携わることがあります．設計を依頼する委託元の事業者としては，自社製品の一部の設計を依頼するからには，一定の信頼がある事業者に業務を委託するのが通常でしょう．そのため依頼を受ける事業者は，信頼に足る資金や技術力を有した組織であると考えられます．

攻撃者の組織がサプライチェーンに入り込むためには，2つの場合が挙げられます．1つ目は，委託費用が安価である場合です．LSIのサプライチェーンは国際化が進んでおり，また技術としての競争も激しいため，製品の価格競争が進みます．そのため，LSI設計の委託元としては，なるべく安価に設計を委託したいと考えます．そこで攻撃者としては，安価な委託費用で設計を請け負う代わりにハードウェアトロイを挿入することで，背後にある別の組織から利益を得ることが考えられます．

2つ目は，サプライチェーンの不安定さが利用された場合です．材料の供給や地政学的影響を受けて，LSIのサプライチェーンにおける需給バランスは安定しません．過剰な需要が発生した場合や，地政学的影響を受けてそれまで利用していた委託先を利用できなくなった場合などには，急遽ほかの事業者に委託する必要があります．そのようなタイミングを狙って，攻撃者はサプライチェーンに入り込むことができると考えられます．

攻撃の動機は，国家レベルの攻撃組織と敵対的事業者とで，それぞれ別の理由が挙げられます．国家レベルの攻撃組織については，情報漏洩や機能停止などの目的が考えられます．文献［Adee, 2008］では，軍事機器など国防に関する機器へのハードウェアトロイの挿入が指摘されていました．もし国防に関する機器にハードウェアトロイが挿入されれば，重要な情報を敵対国家が入手したり，必要な場面で敵対国家により機器の機能を停止できる可能性があります．国家の利益に直結するため，国家レベルの攻撃組織にとってハードウェアトロイ挿入は攻撃手段の１つとなり得ます．

敵対事業者の動機としては，製品の性能低下による攻撃対象の事業者の信頼失墜が挙げられます．長期的な性能を低下させることで攻撃対象の事業者に不利益をもたらし，間接的に利益を得ることが考えられます．なお，こうした動機は研究論文［Bhunia et al., 2014］で指摘されているものではありますが，実際には回りくどい方法ともいえるため，やや実現性は低いと思われます．

内部犯の場合

内部犯の特徴として，LSI 設計に従事している人物であることから，一定水準の技術力を持った人物である点が挙げられます．内部犯の動機は，２つあります．１つ目は，その企業や利用者に不利益をもたらすことです．２つ目は，利用者から不当に利益を搾取することです．

１つ目の動機については，外部犯の場合で解説したような組織的な攻撃の一種として産業スパイがハードウェアトロイを挿入する場合や，個人的な感情による場合が考えられます．産業スパイの場合は，外部犯の場合と同様に，製品の性能低下による攻撃対象の事業者の信頼失墜や，製品利用者の企業の情報窃取の目的が考えられます．個人的な感情の場合は，敵対事業者と同様に，事業者に不利益をもたらすことが目的となります．ハードウェアトロイ挿入により製品の性能を低下させることで，事業者の信頼を失墜させることが狙いとなります．

２つ目の動機として，事業者内部の一部が組織的に結託することで，利用者から不当に利益搾取することも考えられます．より具体的には，製品寿命を意図的に劣化させることで，通常の仕様よりも早い時期で利用者に故障したと思わせ，そのメンテナンスを請け負い不当に利益を搾取する事例が考えられます．利用者から隠された機能として，製品本来の仕様として意図されずに動作する機能という観点では，このような事例もハードウェアトロイによるものと考えることができます．

3.1.2　どのように組み込むのか

攻撃者は，LSI 設計・製造のサプライチェーンに入り込んでハードウェアトロイを挿入します．論文では，LSI 設計・製造のどの工程であっても，攻撃者によってハードウェアトロイを挿入される危険性が潜在的に存在すると指摘されています［Bhunia et al., 2014］．その中でも本章では，設計フェーズに着目します．

設計フェーズのサプライチェーンに入り込む方法として，直接的に事業者としてサプライチェーンに入る方法と，ハードウェアトロイを挿入した設計情報をIP に含めて販売する方法，EDA ツールを改ざんしてツールからハードウェアトロイを挿入する方法が挙げられます［Xiao et al., 2016］．

直接的に事業者としてサプライチェーンに入る場合，攻撃者は一定の信頼がおける事業者となります．設計の一部を外部委託する際に，委託先の事業者がISO等の外部認証制度を取得していなければ，事業者内部の統制を外部から監査するのは容易でありません．そのため，委託先の事業者内部に潜む攻撃者により設計情報が改ざんされ，ハードウェアトロイを挿入される事例が考えられます．

IP に含めて販売する方法では，正規品に見える IP の内部にハードウェアトロイを挿入して外販することが考えられます．IP の購入者からは正規の IP と同様に見えるため，ハードウェアトロイの存在に気づくのは難しいものです．一方で攻撃者の観点では，ハードウェアトロイの機能を比較的自由に構成できるため，攻撃の自由度としては高い方法といえます．

EDA ツールを改ざんし，ハードウェアトロイを挿入するアプローチも指摘されています［Francq and Frick, 2015］．近年の LSI 設計では，EDA ツールの利用は必要不可欠です．特に，ここ数年ではハードウェア設計のオープン化が進み，オープンソースの EDA ツールも公開されています．こうしたツールにハードウェアトロイを挿入する機能が含まれると，設計した LSI にハードウェアトロイが挿入される危険性があります．このアプローチでは，ハードウェアトロイが 1つの設計だけでなく，複数の設計に広がる可能性がある点で，ほかのアプローチよりも強力です．ただし，ハードウェアトロイを組み込むための制約も複雑になるため，攻撃を実現するのは難しいといえます．

図 3.1 に，LSI のサプライチェーンのうち，設計工程においてハードウェアトロイが挿入される場面を示します．どの工程においても，攻撃者にとってハードウェアトロイの攻撃を仕掛ける機会があるといえます．

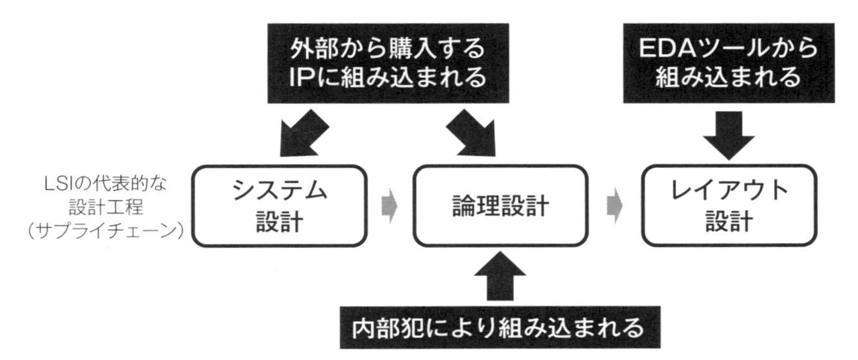

図3.1　ハードウェアトロイが挿入される場面．攻撃者はLSIのサプライチェーンに入り込み，ハードウェアトロイを挿入します．

3.1.3　ハードウェアトロイの挿入対象

ハードウェアトロイの挿入対象となる回路は，動機にもよりますがいくつか存在します．

1つ目は，国防やインフラなどの重要な用途で利用される製品です．これは，国家レベルでの攻撃の場合に対象となり得ます．前述のように，攻撃者としては国家レベルの攻撃組織も考えられます．そのような攻撃組織にとって，国防やインフラなどの重要な設備に利用される機器への攻撃が成功した場合には，得られる実益が大きいことから，攻撃者としても十分な動機があると考えられます．

2つ目は，IPとして利用される回路です．代表的なものとしては，暗号回路やインターフェースが挙げられます．

暗号回路が利用される場面では，重要な情報を扱っていると考えられます．そのため，暗号回路には情報流出などを目的としたハードウェアトロイが挿入されると考えられます．暗号回路は精密に設計する必要があるため，IPとして提供されることがあります．攻撃者は，このようなIPにハードウェアトロイを挿入することで，情報流出させるハードウェアトロイを効果的に広めることができます．加えて，暗号回路のIPは一定の複雑さを持つため，小規模に構成されるハードウェアトロイを挿入するのに適しているといえます．

インターフェースなどの通信回路も，重要な情報を扱う回路の1つです．そのため，攻撃者の観点ではインターフェースもハードウェアトロイの挿入先となり得ます．インターフェースを通過する情報は，暗号化されているとは限りません．例えば，計測機器やネットワーク機器の制御に使われるRS-232は，その通信経路を通過する情報そのものは暗号化されません．また，Ethernetを通過する情報であっても，上位のプロトコルで暗号化されていなければ，技術的には第三者による盗聴が可能です．もしインターフェースにハードウェアトロイが組み込まれていれば，インターフェースを通過する情報を第三者が盗み見ることは，技術的には比較的簡単にできます．しかも，インターフェースも暗号回路と同様に，IPとして提供されることが多い典型的な機能です．そのため攻撃者としても，このようなインターフェースにハードウェアトロイを組み込むことで，ハードウェアトロイを広めることができます．

以上のように，ハードウェアトロイの挿入対象は，大きく分けて重要用途の製品やIPとしてよく使われる回路になります．攻撃者の観点で考えると，ハードウェアトロイの不正機能が有効化した場合に，製造者や利用者にとって影響が大きいものやより多くの人に使われるものに，ハードウェアトロイは挿入され得ると考えられます．

3.2 ハードウェアトロイの特徴と分類

第3.1節では，攻撃者の視点からハードウェアトロイを挿入する目的や動機，その方法を解説しました．ここでは，そうした目的や動機，方法を踏まえて，ハードウェアトロイの特徴を分析します．

3.2.1 ハードウェアトロイの特徴とそれに基づく分類

ここでハードウェアトロイを組み込む攻撃者の目的を振り返ると，その目的はLSI製品の販売者や利用者に不利益をもたらすことにありました．この目的を達成するため攻撃者は，ハードウェアトロイを組み込んだLSI設計情報が製造，流通され，利用されることを望みます．そのため，利用者の手元まで届けるようにする必要があります．しかし，ハードウェアの設計・製造工程では，様々な工程で検証作業が入ります．明らかに不審な機能が入り込んでいる場合は，その検証作業で異常として検出されます．これを回避するため，ハードウェアトロイを挿入する攻撃者は，そのハードウェアトロイの存在や動作が分かりにくいようにハードウェアトロイを組み込みます．

ハードウェアトロイが特定の条件下でのみ動作することで，LSIの通常の検証工程でハードウェアトロイを検出するのは難しくなります．なぜなら，LSIの検証工程では，製品が仕様や設計の通りに作成されているかを確認するからです．すなわち，仕様や当初の設計に含まれていない機能について，その有無を検証することは通常ありません．そのような状況の中でどのようにハードウェアトロイを検知するかは，第4章で解説します．

ここまで，ハードウェアトロイを挿入する攻撃者の動機や，その方法を整理しました．ここからは，そのハードウェアトロイがどのように実装されるかを整理していきます．

ハードウェアトロイの分類は，Wangらが最初に体系的にまとめており［Wang et al., 2008］，Tehranipoorらがさらに詳細化しています［Tehranipoor and Koushanfar, 2010］．ハードウェアトロイの分類は，物理的な特徴，トリガの特徴，そして機能的な特徴の観点で議論できます．図3.2に，特徴に基づく分類を示します．なお，ハードウェア記述言語で記述したときの回路の構造的な特徴については，第3.3節で詳しく解説します．

3.2.2　物理的な特徴

攻撃者がハードウェアトロイを挿入する上でもっとも気をつける点は，「気づかれないこと」です．ハードウェアトロイの物理的な特徴の共通点は，LSI全体と比較して回路が小さいため全体に対するサイズの影響が小さい点です．

Wangらの分類では，物理的な特徴として回路の分布，構造，大きさ，そして種類を挙げていました．ここでは検知手法との対応を取るため，物理的な特徴として回路の面積，消費電力，遅延の観点で検討します．図3.3に，物理的な特徴

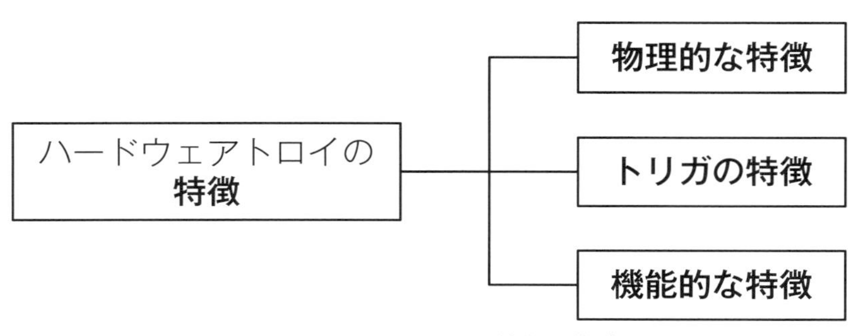

図3.2　ハードウェアトロイの特徴に基づく分類

の分類を示します．構造や種類については，第3.3節で解説します．

面積

ハードウェアトロイは，元のLSIの回路規模と比較してごく小さく構成されます．これは，LSIの設計が大規模・複雑化しており，相対的に見てハードウェアトロイが元のLSIに与える影響が小さいことが主な要因です．近年はLSIの機能が大規模・複雑化しているため，LSIの内部で使用される回路も複雑になり，トランジスタ数で数千億の桁になることもあります．このように大規模・複雑な回路であれば，その中からごく小さなハードウェアトロイを見つけ出すのは困難です．

もう1点，ハードウェアトロイの挿入において，面積が重要視される点があります．それは，LSIの設計時に様々な制約が課されている点です．具体的には，回路の実装面積に関するところで，半導体のシリコンウェハは高価なため，限られた面積の中でいかに所望の機能を実装するかが重要になります．そのため，正常な機能部分で，すでにLSIの面積の大部分を占めることになります．ハードウェアトロイは設計の中に作りこむため，その合間を縫って挿入するしかありません．また，正常な設計を変更してしまうと，回路の電気的な性質が変化してしまう可能性があります．例えば，配線の長さが変わることにより，信号の伝達するタイミングがわずかに変化する可能性があります．これにより，検証作業時にベンダーによってハードウェアトロイの挿入が疑われるかもしれません．攻撃者としてはそのようなリスクを避けるため，基本的には元のLSIにはできるだけ触れないようにハードウェアトロイを組み込むことになります．従って，残った隙間

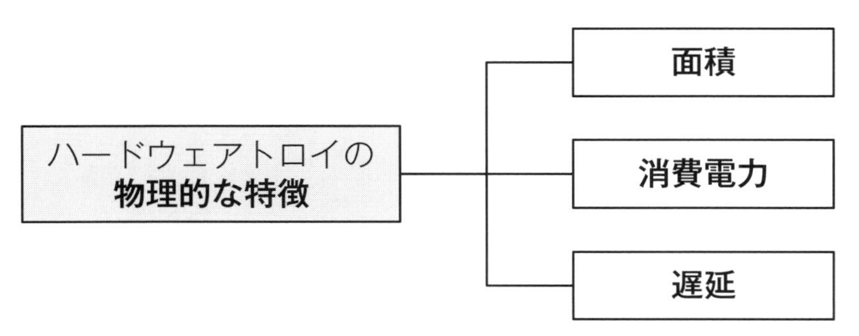

図3.3 ハードウェアトロイの物理的な特徴に基づく分類

部分にハードウェアトロイを挿入することになります．

消費電力

消費電力は，大きく分けてスタティック消費電力とダイナミック消費電力の2種類が存在します．

スタティック消費電力とは，LSIを構成する部品からわずかに漏れ出ることで消費する電力のことで，回路が存在するだけで消費されます．ただし，その値はごく微小であり，回路面積が小さいというハードウェアトロイの特徴から，スタティック消費電力だけを用いて検出するのは難しいといえます．

ダイナミック消費電力は，回路が動作するたびに消費する電力のことです．回路は，0から1，1から0に変動する際に，特に大きく電力を消費します．0と1の変化の回数が多いほど，回路のダイナミック消費電力が大きいことになります．ただし，ハードウェアトロイは後述の通り，動作を気づかれないようにするためトリガ条件が設定されています．そのため，回路内部における0と1の変化の回数も小さく，こちらも元の回路と比較して大きくならないといえます．

以上より，消費電力の観点で，ハードウェアトロイはあまり多く消費しない点が，特徴といえます．

遅延

回路の遅延についても，ハードウェアトロイが回路全体に与える影響はごく小さいといえます．回路の遅延とは，回路の特定の区間において電気信号が伝達する時間を指します．特に，組合せ回路における入力と出力の伝達時間を言います．電気信号は光速に近い速度で信号線の上を伝達します信号線を構成する金属配線の電気抵抗や論理ゲートの動作遅延により，ごく微小ながら時間をかけて電気信号が伝達することになります．この回路の遅延は，回路の処理速度を決める上で重要な指標といえます．

中でも，組合せ回路の中でもっとも遅延が大きくなる経路（クリティカルパス）における遅延はクリティカルパス遅延と呼ばれ，特に重要です．回路を設計する上で，すべての信号線の経路における遅延を考慮して設計するのは難しいものです．そのため，クリティカルパス遅延を考慮して設計することで，その設計の中で最大の遅延を考慮できます．クリティカルパス遅延を元に動作周波数などのタイミングに関するパラメータを設定することで，回路を限界まで高速に動作させることができます．

ここで，ハードウェアトロイにおける遅延の影響について議論を戻します．ハードウェアトロイは回路を挿入することから，ある程度設計に余裕がある箇所に挿入されると考えられます．そのため，クリティカルパスを避けた箇所に回路を挿入することになります．このとき，遅延として影響が出るのは，正常な回路の入出力の途中に，ハードウェアトロイの回路が含まれる場合です．正常な回路の信号線の途中にハードウェアトロイの回路を挿入する必要があるのは，回路の機能や出力の値を改変する場合です．とはいえ，プリミティブセル１つ程度を挿入するだけなので，遅延に大きな影響は与えません．一方，ハードウェアトロイのトリガ条件を判定するための信号をハードウェアトロイの回路内に取り込む場合は，正常な回路の入出力の途中にハードウェアトロイの回路を挿入する必要はなく，単純に接続すれば，トリガ条件を判定するための信号をハードウェアトロイの回路内に取り込むことができます．

このように，ハードウェアトロイを挿入する場合，ゼロではないものの遅延への影響は非常に小さいといえます．

物理的な特徴の実例

ここで，研究における実証例を紹介します．文献［Almeida et al., 2022］では，ハードウェア版のランサムウェアを実装しています．ランサムウェアとは，データを暗号化して人質にすることで，その暗号化を解除する代わりに金銭を要求するマルウェアのことです．この論文では，暗号や信号処理など複数の機能が搭載された SoC に対して，メモリ内のデータを暗号化するランサムウェアを挿入しています．ランサムウェアを挿入して回路を実装した結果，元の回路と比較して面積は 1.2% 程度しか増えなかったと報告されています．ランサムウェアは暗号化が必要なため，比較的複雑な機能を持つので回路規模としては大きくなりますが，それでも全体の 1% 程度です．より軽微な不正機能であれば，さらに小型に実装できます．このように，ハードウェアトロイはごく小規模に構成されます．

3.2.3 トリガの特徴

次の，ハードウェアトロイの動作が分かりにくいように作られる点とは，ハードウェアトロイが稀にしか起動しないか，あるいは微小にしか変化を及ぼさないことを指します．これらの特徴は，ハードウェアトロイの潜伏性が理由にあります．攻撃者は，ハードウェアトロイが通常の状態では起動しないようにするため，起動するための条件を設定できます．この条件は，トリガ条件と呼ばれます．トリガ条件を持つハードウェアトロイは，攻撃者によりあらかじめ指定されたトリガ条件が満たされたときに作動します．このトリガ条件には，いくつかの種類があります［Tehranipoor and Koushanfar, 2010］．

図3.4に，トリガの特徴に基づく分類を示します．大きく分けて，常時起動型，内部状態型，そして外部入力型があります．以下では，それぞれの特徴について解説します．

常時起動型

常時起動型はその名の通り，特定のトリガ条件が存在するわけではなく，ハードウェアトロイの機能は常に起動しています．その代わり，トリガ条件は設定されず，LSIに対して微小にしか変化を及ぼさない不正な機能を実行し続けます．例えば，バッテリーの消費量を少し増やしたり，製品の性能を少し低下させたりするものです．

内部状態型

内部状態型は，内部からの入力信号に基づくトリガ条件を用いるハードウェアトロイです．これにはさらに，物理条件型と時間型の２つがあります．

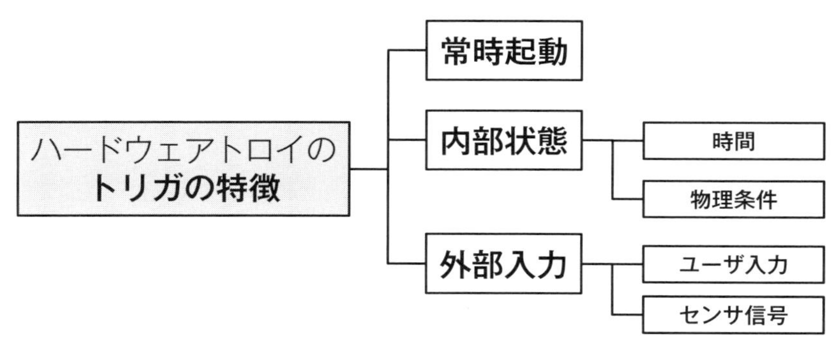

図3.4　ハードウェアトロイのトリガの特徴に基づく分類

物理条件型のトリガ条件では，回路内部の信号の値を用いてトリガ条件が満たされたかを判定します．攻撃者がトリガ条件として設定した値と，回路内部の信号の値とが一致したときに発動します．またSoCの内部に，電圧センサや加速度等を測定する物理センサを搭載する場合は，それらのセンサ値も，トリガ条件として設定されることがあります．

時間型のトリガ条件では，ある特定の時点からの経過時間を用いてトリガ条件が満たされたかを判定します．例えば製品が起動してからの累計時間を用いて，特定の時間が経過したときに発動します．いずれの条件でもごく稀にしか発生しない条件がトリガ条件として設定されるため，通常のテスト工程でトリガ条件を見つけるのは困難です．

内部状態に基づいてトリガ条件を構成する回路は，組合せ回路や順序回路を使って構成されます．組合せ回路を使ってトリガ条件を構成した場合，内部信号とトリガ条件とが即時に判定されます．一方順序回路を使ったトリガ条件では，特定の値の入力が連続した場合など，より複雑なトリガ条件が設定されます．

外部入力型

外部入力型のトリガ条件では，外部からの入力信号の値を用いてトリガ条件が満たされたかを判定します．これには，ユーザからの特定の値の入力や，LSIに接続された外部センサからの信号受信が挙げられます．ユーザから入力される値や，センサで何らかの値を得られる場合は，特定の値がトリガ条件として設定されることが考えられます．その特定の値が外部から入力されたときにだけ，ハードウェアトロイは発動します．外部入力型の場合は，LSI外部から情報を入力するため，LSIのポート（プライマリ入出力）に近いところにトリガ回路が配置される傾向にあります．

3.2.4 機能的な特徴

ハードウェアトロイは，攻撃者の目的に応じて様々な機能を持つと考えられます．文献［Tehranipoor and Koushanfar, 2010］では，ハードウェアトロイの機能の観点から分類されています．図3.5に，機能的な特徴の分類を示します．大きく分けて，機能停止，機能改変，情報流出，性能低下が挙げられます．

機能停止

機能停止では，LSI の機能を停止します．例えば，文献［Adee, 2008］では，軍事機器における機能停止の事例が紹介されています．このように機能停止を引き起こすことで，LSI の利用者が所望の機能を利用するのを妨害します．攻撃者にとっては，利用者が所望の機能を利用するのを妨害することで，間接的に利益を得ます．

機能改変

機能改変では，LSI が本来持つ機能を改変し，仕様とは異なる動作を引き起こします．例えば，Ethernet などのインターフェースにおいて，通常とは異なる信号を出力するように改変します．攻撃者の動機としては，機能停止と同様に利用者が所望の機能を利用するのを妨害する目的があります．

情報流出

情報流出では，LSI の内部信号を外部に流出させます．例えば，AES などの暗号回路において，秘匿すべき共通鍵を外部に流出させます．情報流出では，通常とは異なる通信経路から情報を流出させることがあるため，利用者にとっては気づきにくい場合があります．

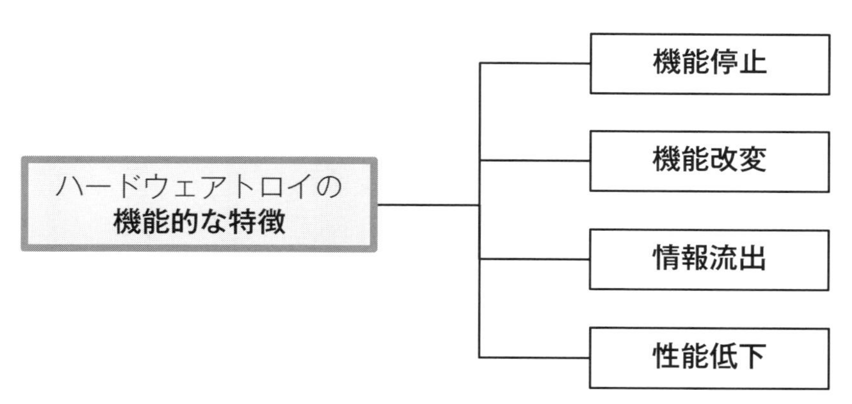

図 3.5　ハードウェアトロイの機能的な特徴に基づく分類

性能低下

性能低下では，機能には直接影響を及ぼさないものの，製品の性能を低下させます．例えば，常時稼働型のハードウェアトロイの場合，常に起動しているLSIの機能には直接的に影響を及ぼさずに，そのLSIの製品仕様をわずかに劣化させることがあります．より具体的には，バッテリーの持続時間を低下させるために，LSIの消費電力をわずかに大きくすることが考えられます．仕様の許容範囲内であれば気づきにくいですが，利用者にとってはバッテリーの持続時間が短いように感じられます．

3.3 ハードウェアトロイの構造

ここまで，ハードウェアトロイの特徴や分類を説明してきました．本節では，これらの特徴や分類が，回路（ハードウェア記述言語）としてどのように記述されるかを解説します．

3.3.1 ハードウェアトロイのテンプレート

ハードウェアトロイは，大きく分けて**トリガ回路**と**ペイロード回路**に分けられます．図3.6に，ハードウェアトロイの構成の概要を示します．図に示すように，トリガ回路とペイロード回路の間は，Ⓑに示すトリガ信号と呼ばれる信号線で接続されます．トリガ回路とペイロード回路は，それぞれ正常な回路から信号を取

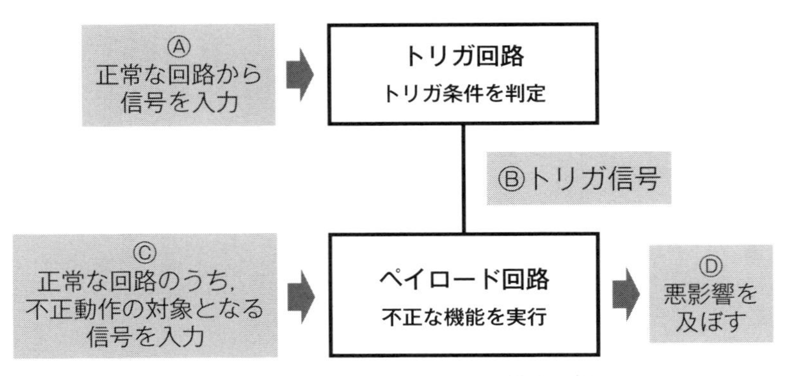

図3.6 ハードウェアトロイの構成の概要

り込みます．

トリガ回路では，ハードウェアトロイの発動条件であるトリガ条件が満たされたかどうかを判定します．正常な回路のうち，トリガ条件となる信号線から信号を取り込みます．図 3.6 では，Ⓐからトリガ条件の判定に用いる信号を取り込みます．このとき，トリガ条件は 1 つの信号線だけでなく，複数の信号線を取り込むことがあります．こうして取り込んだ信号線の値を元に，攻撃者があらかじめ設定したトリガ条件が満たされるかを判定します．トリガ条件が満たされると，そのことを表す信号をトリガ信号として，ペイロード回路へ出力します（図 3.6 中Ⓑ）．なお，常時起動型のハードウェアトロイでは，当然ながらこのトリガ回路やトリガ信号は存在しません．

ペイロード回路は，ハードウェアトロイの悪性な機能を実行します．まず，トリガ回路から出力されたトリガ信号を，入力として受け取ります．トリガ信号により，トリガ条件が満たされたことが伝達された場合，ペイロード回路に実装された不正な機能を実行します．これにより，ハードウェアトロイが有効化されます．不正な機能では，正常な回路の情報を外部に流出させたり，書き換えたりするものがあります．そのため，ペイロード回路では図 3.6 中Ⓒに示すように，正常な回路から不正な機能の対象となる信号を取り込みます．その値を用いて，不正な機能の実行結果として図 3.6 中Ⓓに示すように，不正な機能を実行することで，悪影響を及ぼします．

3.3.2　トリガ回路

第 3.2.1 項に示したように，常時起動型以外のハードウェアトロイにはトリガ条件が設定されます．外部からの入力信号や内部からの入力信号などに分類されますが，基本的な機能としては「あらかじめ設定された値と合致するか」を判定することにあります．このような条件を構成するトリガ回路の構成は，いくつかに分類されます［Chakraborty et al., 2009a］．ここでは，デジタル回路を用いた組合せ回路によるトリガと順序回路によるトリガ，そしてアナログ回路を用いたトリガを取り上げます．図 3.7 に，トリガ回路の分類を示します．

組合せ回路によるトリガ

組合せ回路では，あらかじめ攻撃者が設定した値と，トリガ回路に入力された値とが一致するか（あるいは大小関係などの条件を満たすか）を判定します．このときにポイントになるのが，条件はごく稀にしか発生しないものに設定される，という点です．そのため，単純な条件ではなく，複数の条件が組み合わされたものが設定されます．そのような条件を回路で構成すると，論理ゲートが多数組み合わされた回路として構成されます．ここで特徴的な構造として，以下の点が挙げられます．

- 論理ゲートが多数接続されている点
- 論理ゲートの入力側が多数あり，出力側が1つの信号線に集約されている点

1点目として，ごく稀にしか発生しないトリガ条件を構成する点が挙げられます．多数の論理ゲートを用いてトリガ条件が実装されることから，このような特徴を持ちます．2点目として，複数の条件を元にしてトリガ信号を出力する点が挙げられます．トリガ条件を判定するために受け取る複数の信号から1つのトリガ信号を出力するために，このような特徴を持ちます．

図3.8に，組合せ回路で構成されたトリガ回路の例を示します．この回路は，10個の論理ゲートから構成されています．回路の左側は，トリガ条件を判定するための入力になります．この入力信号は，LSI設計の正常な回路部分に接続されます．回路の右側で出力される1つの信号線が，トリガ信号です．

図3.8の例では，トリガ回路への入力信号は全部で28ビットあります．この入力に対して，多数の4入力NANDゲートやORゲートを駆使して，トリガ信号を生成します．この回路の場合，トリガ回路への入力信号の全28ビットがすべて1のときにだけ，トリガ信号が0になります．0になる場合を「トリガ条件が満たされた（有効化された）」と考えるならば，この回路でトリガ信号が有効化される確率は，トリガ回路への入力信号が一様乱数に従うと仮定すると$1/2^{28}$

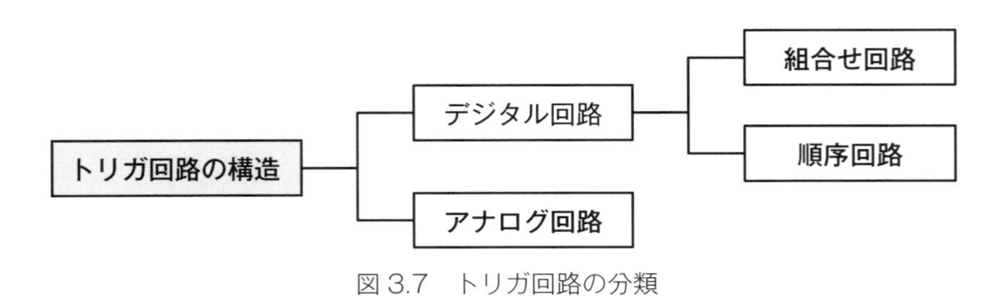

図3.7 トリガ回路の分類

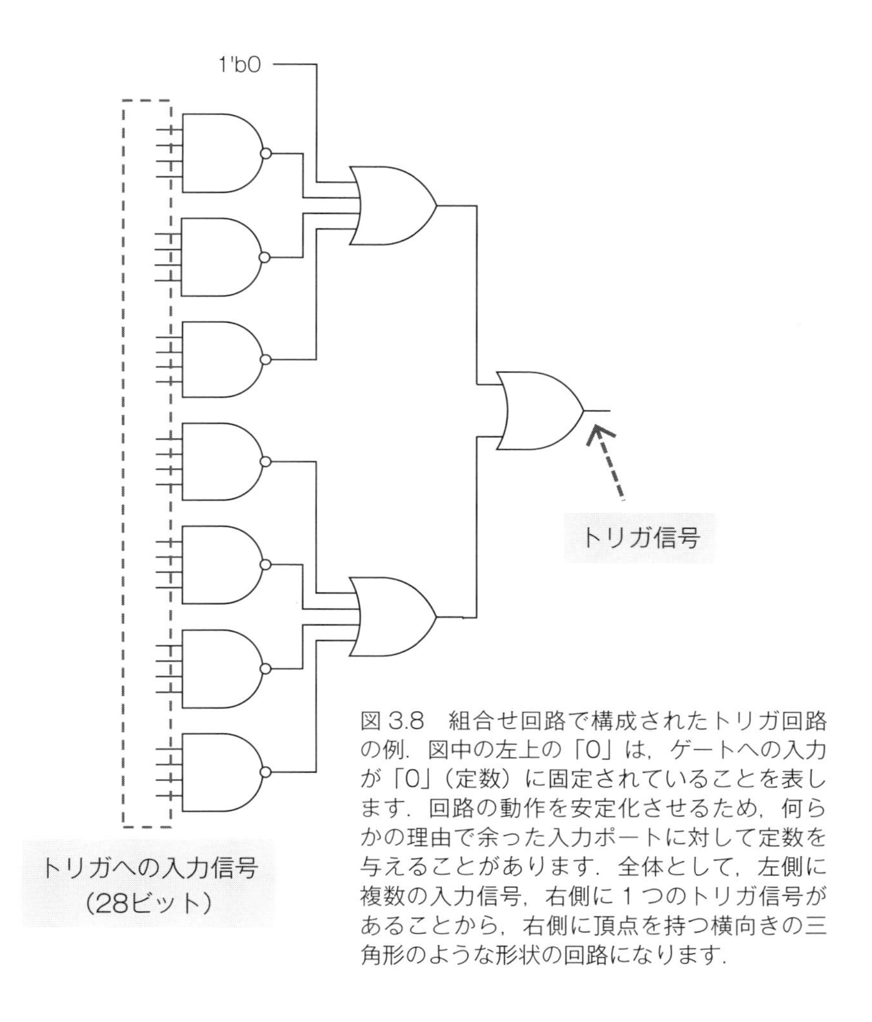

図 3.8 組合せ回路で構成されたトリガ回路の例．図中の左上の「0」は，ゲートへの入力が「0」（定数）に固定されていることを表します．回路の動作を安定化させるため，何らかの理由で余った入力ポートに対して定数を与えることがあります．全体として，左側に複数の入力信号，右側に 1 つのトリガ信号があることから，右側に頂点を持つ横向きの三角形のような形状の回路になります．

になります．このように，トリガ回路を用いることで，ごく稀な条件でのみトリガ信号が有効化される回路を実装できます．

組合せ回路で構成されたトリガ条件の本質は，以下の 2 点にあります．

- 複数の信号線から得られる入力値を元に，トリガ条件が満たされるかを判定する
- トリガ条件が満たされた場合，トリガ信号として出力する．

従って，トリガ回路へ入力される信号線の数が比較的多いことと，トリガ信号が1つであることが特徴です．このような回路を構成すると，図3.8のように左側に底辺，右側に頂点がくる横向きの三角形のような形状になります

順序回路によるトリガ

順序回路によるトリガ回路では，特定の値の入力が複数回繰り返されたかを判定します．

1つ目の特徴としては，組合せ回路のトリガ回路が含まれる点が挙げられます．トリガ回路であるため，特定の値が入力されたかを判定する必要があります．そのための回路は組合せ回路で構成されます．

2つ目の特徴としては，カウンタ回路を構成する点が挙げられます．特定の入力を受け取る回数を数え上げるため，カウンタ回路が利用されます．カウンタでトリガ条件を数える流れは，次の通りです．まず，組合せ回路のトリガ回路で，特定の値がトリガ回路に入力されたかを判定します．入力された値がトリガ条件を満たす場合，カウンタ回路の値を1だけ増やします．カウンタ回路の出力を元に，トリガ条件が満たされたかを判定します．

順序回路で構成されたトリガ回路の特徴は，以下にまとめられます．

- 組合せ回路のトリガ回路が含まれる
- 近くにフリップフロップが接続される

アナログ回路によるトリガ

ハードウェアトロイのトリガ回路として，アナログ回路を用いて構成する手法も提案されています．なお，この方法は回路設計におけるレイアウト設計段階で実装されるものです．本書ではデジタル回路を構成するためのハードウェア記述言語によるゲートレベル設計を対象とするため，参考として紹介します．

Yangらが提案するアナログハードウェアトロイ「A2」では，キャパシタ（電気を蓄える回路素子）を使ってトリガ回路を構成します［Yang et al., 2016］．キャパシタは電気を蓄える回路素子ですが，十分な時間を使って充電しなければ，「1」と認識される程度の電圧を持たせることができません．逆にいえば，少しずつでも充電していけば，いずれは「1」と認識される電圧を保持できます．この信号をトリガ信号として用いるものです．

トリガ回路の構造に見られる特徴

トリガ回路の構造に見られる特徴を，以下にまとめます．

- **トリガ特徴 1**：数段手前のファンイン数が多い
- **トリガ特徴 2**：プライマリ入力からの段数が小さい
- **トリガ特徴 3**：フリップフロップまでの段数が小さい

これらについて，組合せ回路によるトリガ回路と順序回路によるトリガ回路の特徴を振り返りながら，確認します．

「トリガ特徴 1：数段手前のファンイン数が多い」とは，組合せ回路によるトリガ回路の形状の特徴を表します．**ファンイン**とは，論理ゲートの入力を指します．例えば 3 入力 AND ゲートであれば，そのファンイン数は 3 になります．論理ゲートは，直列に接続される様子を段数で表現します．

ここで図 3.9 に，ファンインを数える例を示します．図では，3 つの論理ゲートで構成された論理回路が示されています．ここで，図の右側で出力される「注目する信号線」に注目します．この「注目する信号線」から左側に回路をたどるとき，論理ゲートを通過するたびに 1 段と数えます．具体的には，「注目する信号線」から AND ゲートを 1 つ左に越えた信号線を「1 段手前のファンイン」と呼ぶことにします．ここには 2 本の信号線が存在し，それぞれ AND ゲートの出力と OR ゲートの出力に接続されています．「1 段手前のファンイン」からさらに論理ゲートを 1 つ越えると，段数が 1 段増えて「2 段手前のファンイン」になります．ここでは，1 段手前のファンインがそれぞれ AND ゲートの出力と OR

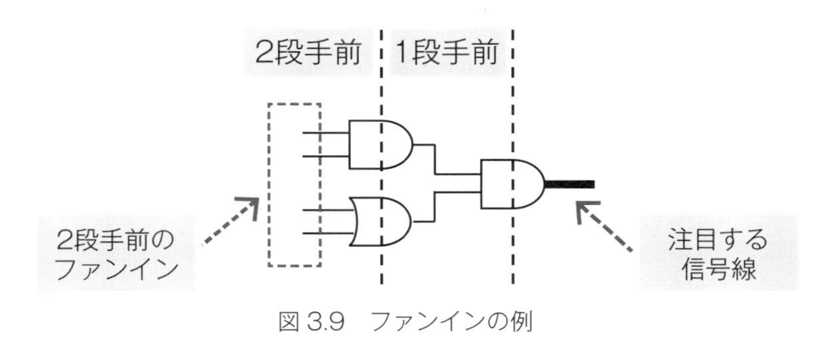

図 3.9　ファンインの例

ゲートの出力に接続されていたことから，これらのゲートのファンインが「2段手前のファンイン」になります．すなわち，図の点線で囲まれた4本の信号線です．このようにして，「注目する信号線」から数段左に移動するときのファンインを数えることができます．

このような数え方で，図3.8に示す，組合せ回路で構成されたトリガ回路を振り返ってみます．この回路では論理ゲートが多数接続されており，多数の入力が1つのトリガ信号の出力へと集約される構造でした．トリガ回路全体で見ると，トリガ信号から見たときのファンイン数は，非常に多いといえます．論理ゲートは数段で接続されるため，トリガ信号の信号線から見たときの「数段手前のファンイン数が多い」ことになります．この特徴は組合せ回路で構成されたトリガ回路であれば，複雑な条件を構成することから，共通して見られる特徴といえます．

「トリガ特徴2：プライマリ入力からの段数が小さい」とは，外部入力を用いたトリガ回路の特徴に基づきます．プライマリ入力とは，LSIの外部から受け取る入力信号のことです．回路内部の論理ゲートの入力と分けて明記します．プライマリ入力は，LSI設計において信号が伝達する起点となる信号線で，特別な意味を持ちます．外部入力を用いたトリガ回路では，トリガ条件を判定するための信号が外部から入力されます．そのため，プライマリ入力からLSIに信号を入力し，トリガ回路で条件を判定することになります．そのような場合，プライマリ入力とトリガ回路の間に多数の論理ゲートを配線する必要は無いため，プライマリ入力とトリガ回路との距離は小さくなります．すなわち，プライマリ入力からトリガ回路までの段数が小さくなる，ということです．なお，この特徴はすべてのハードウェアトロイに共通するものではありませんが，外部入力に基づくトリガ条件が設定されたハードウェアトロイで見られる特徴といえます．

「トリガ特徴3：フリップフロップまでの段数が小さい」とは，順序回路で構成されたトリガ回路の特徴に基づきます．内部信号を用いたトリガ回路などで，組合せ回路を用いた条件の判定を複数回行い，すべて満たしたときをトリガ条件とする場合があります．この場合，トリガ回路は順序回路として構成されます．これにより，回路の規模は組合せ回路で構成されたトリガ回路と比較して大きくなります．それでもトリガ回路部分は通常の回路と比べてごく小規模なため，テスト時に製造業者や利用者が見つけるのは難しいものです．このようにトリガ回路が順序回路で構成されることから，フリップフロップが近くに接続されます．この特徴についても2つ目の特徴と同様に，特定のトリガ回路に見られる特徴です．

「トリガ特徴1：数段手前のファンイン数が多い」，「トリガ特徴2：プライマリ入力からの段数が小さい」，「トリガ特徴3：フリップフロップまでの段数が小さい」それぞれの特徴では，「具体的にどのくらい」かがポイントになります．ここで挙げた特徴は，正常な回路にも含まれることは容易に想像できます．正常な回路とハードウェアトロイの回路を区別するためには，このような特徴量に何らかの閾値を設けて，区別する必要があります．この手順については，第4章で解説します．

3.3.3 ペイロード回路

第3.2.1項で解説したように，ペイロード回路は大きく分けて機能停止，機能改変，情報の流出，そして機能を改変せずに間接的に影響を及ぼすもの（性能低下）に分類されます．ここでは，それぞれのペイロード回路の構成を紐解いていきます．

ペイロード回路の基本構成

ペイロード回路では，入力としてトリガ信号を受け取ります．出力は，ペイロード回路の目的により様々です．

基本的な動作としては，トリガ回路から出力されたトリガ信号を受け取ります．受け取った値が0または1のどちらかの場合に，ペイロード回路の機能を有効化します．

機能停止

機能停止では，正常な回路の信号線の値を書き換え，機能を無効化します．より具体的には，正常な回路の信号線の値を，0や1などの固定された値に書き換えます．これにより，利用者が本来期待した機能の動作を妨害します．

機能停止の事例は，ハードウェアトロイの危険性を最初期に指摘した記事［Adee, 2008］で触れられています．例えば軍事兵器などの重要な設備にこのようなハードウェアトロイが組み込まれていると，利用者がその機器を利用したいと思ったときに，攻撃者がその利用を無効化できてしまいます．

機能停止を行うペイロード回路の実装では，2入力のANDゲートが利用されます．図3.10に，機能停止を引き起こすペイロード回路の例を示します．図

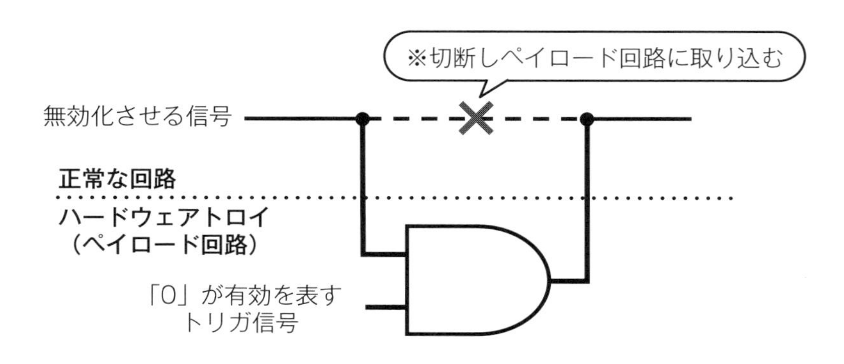

図 3.10 機能停止を引き起こすペイロード回路の例

3.10 では，正常な回路のうち攻撃対象を切断し，その両端をペイロード回路に接続しています．ペイロード回路部分は，2 入力の AND ゲートです．一方の入力は，トリガ条件が満たされたときに「0」を出力するトリガ信号を受け取ります．もう一方の入力に，正常な回路から取り込んだ攻撃対象の信号線の入力側を接続します．そして 2 入力 AND ゲートの出力に，正常な回路における攻撃対象の信号線の出力側を接続します．このようにすることで，攻撃対象の信号線は，トリガ信号の値に応じて値が 0 に固定され，機能が無効化されます．ここで，2 入力 AND ゲートの動作を確認します．トリガ信号が有効でないとき，すなわち「1」のときは，2 入力 AND ゲートの出力は元の攻撃対象の信号線の値と一致します．一方トリガ信号が有効のとき，すなわち「0」のときは，2 入力 AND ゲートの出力は「0」に固定されます．このようにして，トリガが動作します．

この回路では，正常な回路の信号線をペイロード回路に引き込んで AND ゲートを接続するため，回路の物理特性には少なからず影響を与えます．しかしながら，接続するのは論理ゲート 1 つであるため，その変化量は微小です．ハードウェアトロイが挿入されているか分からない状態でその微小な変化を異常として検知するのは，現実的には困難です．また，このペイロード回路は 2 入力 AND ゲート 1 つで実装されることから，回路面積も非常に小規模です．そのため回路面積の変化量も小さいです．従って，検知が難しいペイロード回路です．

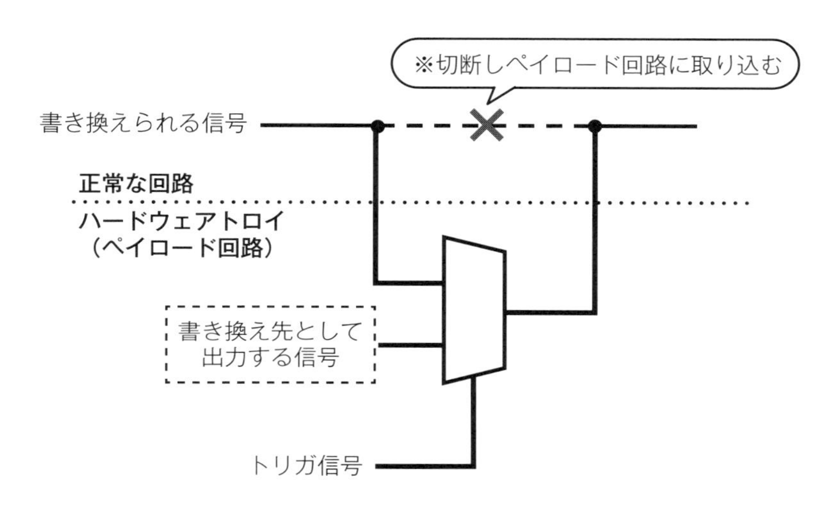

図 3.11　機能改変を引き起こすペイロード回路の例

機能改変

機能改変では，正常な回路の信号線の値を書き換え，機能を改変します．図 3.11 に，機能改変を引き起こすペイロード回路の例を示します．ペイロード回路には，マルチプレクサが利用されます．トリガ信号の値に基づき，攻撃対象の信号線の情報を改変します．

機能改変を引き起こすペイロード回路では，マルチプレクサの選択信号にトリガ信号を入力します．入力の一方は，正常な回路における攻撃対象の信号線の入力側になります．もう一方は，書き換え先の値を表す信号になります．トリガ信号の値に基づき，マルチプレクサが出力する値を切り替えることで，機能改変を引き起こします．

情報流出

情報流出では，正常な回路の信号線をペイロード回路に取り込み，LSI の外部に情報を流出させます．

図 3.12 に，情報流出を引き起こすペイロード回路の例を示します．機能停止や機能改変と異なり，情報流出では攻撃対象の信号線を切断する必要はありません．攻撃対象の信号線をペイロード回路の内部に引き込むだけで十分です．ペイ

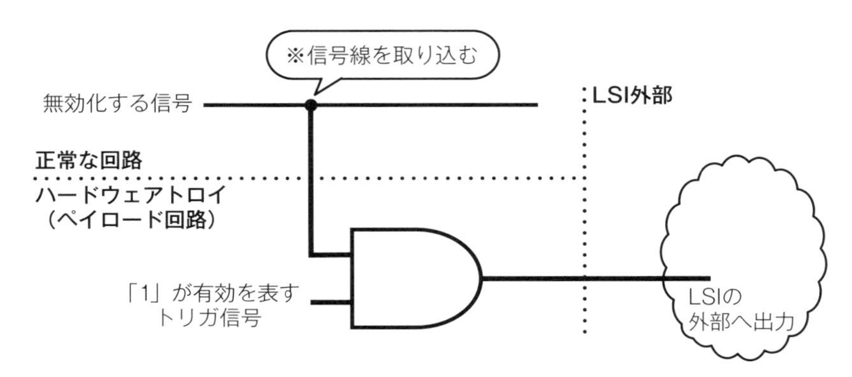

図 3.12　情報流出を引き起こすペイロード回路の例

ロード回路では，AND ゲートの入力の 1 つに，攻撃対象の信号線を接続します．もう一方には，トリガ信号を接続します．なお，ここでのトリガ信号は，「1」のときにハードウェアトロイが有効化します．このような回路を構成することで，トリガ信号の値が「1」の場合に，回路の外部へ内部信号の値を流出させます．

なお，情報流出は機能改変と組み合わせた実装ができます．図 3.12 の例では，プライマリ出力を変更する必要があるため，あまり現実的なハードウェアトロイの実装ではありません．そこで，機能改変として，トリガ条件を満たした場合に元の信号を流出させたい信号に書き換えて，プライマリ出力から外部へ送信する方法も考えられます．

情報流出を引き起こすハードウェアトロイの場合，暗号回路などへ挿入される事例が考えられます．その結果，暗号回路の内部に設定された秘密鍵などの機密情報を，正規でない手段で外部に送信されてしまいます．また，送信方法もいくつか考えられます．利用者に気づかれにくい方法として，電磁波として外部へ送信する方法が考えられます．伝送距離に制限はあるものの，攻撃者は利用者が利用する LSI に物理的に接続する必要は無く，離れたところから情報を盗むことが可能になります．

性能低下

性能低下では，回路の性能をわずかに低下させます．例えば，電流をわずかに多めに消費して，バッテリーの持続時間を低下させます．

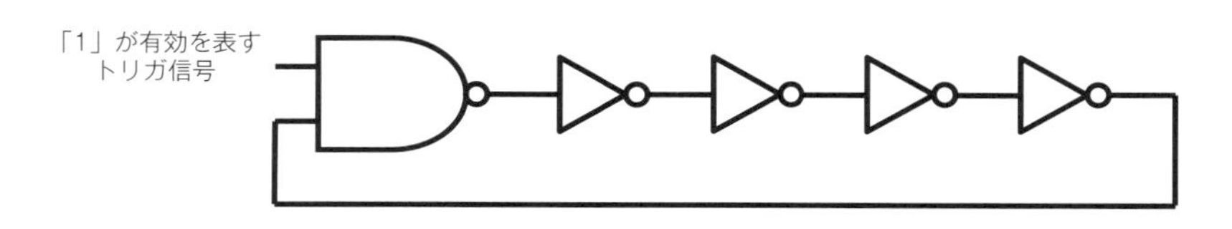

図 3.13 性能低下を引き起こすペイロード回路の例

性能低下を引き起こすペイロード回路の代表例として，リングオシレータが挙げられます．図 3.13 に，リングオシレータを用いて性能低下を引き起こすペイロード回路の例を示します．リングオシレータは，本来 0, 1 を繰り返す信号を出力する（発振する）ための回路で，NOT ゲートを奇数個リング状に接続して構成されます．このようにすることで，NOT ゲートの遅延により，1 つ目の NOT ゲートには元の入力と反転した信号が遅延して伝達します．これを繰り返すことで，0 と 1 が繰り返されます．この回路は，正常な回路そのものへは特に変更を及ぼしません．

なお，性能低下は常時起動型のハードウェアトロイとして構成される方が，攻撃者の目的に合うと考えられます．

ペイロード回路の特徴

ペイロード回路の特徴は，以下にまとめられます．

- **ペイロード特徴 1**：マルチプレクサまでの段数が小さい
- **ペイロード特徴 2**：プライマリ出力までの段数が小さい

「ペイロード特徴 1：マルチプレクサまでの段数が小さい」とは，機能改変のペイロード回路として図 3.11 に示すように，ペイロード回路にマルチプレクサが使われることを指します．なお，マルチプレクサを使わなくともペイロード回路は構成できますが，マルチプレクサまでの段数はハードウェアトロイ検出における重要なヒントとなり得ます．

「ペイロード特徴 2：プライマリ出力までの段数が小さい」とは，ペイロード回路の機能が出力に影響を及ぼすため，プライマリ出力から比較的近い場所に構成されることを指します．情報流出のペイロード回路として図3.12に示すように，情報を外部に送出させるため，プライマリ出力に直接影響するペイロードもあります．また，機能停止のペイロード回路もプライマリ出力に影響を及ぼすといえます．図3.10に示す回路では直接プライマリ出力に影響を及ぼすものではありませんが，機能停止のペイロード回路が動作すると，結果的にプライマリ出力に影響を及ぼすことになります．このように制御するため，比較的プライマリ出力から近い部分に，ペイロード回路が構成されると考えられます．

以上の「ペイロード特徴1：マルチプレクサまでの段数が小さい」と「ペイロード特徴2：プライマリ出力までの段数が小さい」の特徴について，「どの程度の段数か」を議論するのは，トリガ回路における特徴のときと同様に難しいといえます．こうしたペイロード回路の特徴に基づいて，第4章ではハードウェアトロイを検知する手法を解説していきます．

第 4 章
ハードウェアトロイの検知

第３章では，ハードウェアトロイのモデル化として，その背景や攻撃の目的，ハードウェアトロイの実装に見られる特徴を説明しました．本書の目的は，ハードウェアトロイを検知することです．ここからは，第３章に示したハードウェアトロイの数々の特徴をヒントに，ハードウェアトロイの検知方法を技術的な観点から解説します．

4.1 ハードウェアトロイ検知方法の分類

第１章に示したように，本書ではハードウェアの設計工程におけるハードウェアトロイ検知に着目します．設計工程におけるハードウェアトロイの検知方法は，「動的検知」と「静的検知」の２種類に分類されます．動的検知の方法では，回路が動作する様子に基づきハードウェアトロイを検知します．一方の静的検知の方法では，回路を実際に動作させずに，回路の設計情報だけに基づきハードウェアトロイを検知します．

4.1.1 動的検知

動的検知手法では，回路が動作する様子に基づきハードウェアトロイを検知します．これには，実際に回路を動作させるだけでなく，シミュレーションで回路を動作させることを含みます．

回路の動作を確認することで，実際に起こり得る影響に基づきハードウェアトロイを検知できます．例えば，「設計時の仕様に含まれない機能停止」を悪意のある機能と考えます．この場合，実際に回路を動かすことで，意図しない機能停止が含まれるかどうかを確認します．回路を動かす際には，検証対象の回路に様々な入力を与えることで，不正な機能の発現を確認できます．もし意図しない機能や挙動を発見できれば，ハードウェアトロイの存在を検知できます．学術的には，ハードウェアが正しく動作するかをテストする手法を応用して，統計的な分析手法でハードウェアトロイを検知する手法が提案されています．MERO［Chakraborty et al., 2009b］は，めったに変化しない信号線に着目したテストパターン生成手法を応用し，ハードウェアトロイを検知します．

しかし，攻撃に関するヒントが無い状況下では，不正な機能を意図的に発現させるのは困難です．第3章で示したように，ハードウェアトロイの攻撃者は，自身が挿入するハードウェアトロイが簡単に発見されないよう，トリガ条件を設定して挿入します．そのため，攻撃者以外の第三者にとって，何もヒントが無い状態でハードウェアトロイを有効化するためのトリガ条件を引き当てることは，現実的ではありません．そのため，直接的に不正な機能を検知するのとは別のアプローチを採ることもできます．

サイドチャネル解析は，回路の動作に基づくハードウェアトロイ検知手法の1つです．ハードウェアトロイが設計情報に挿入されることで，回路の物理的な特徴の一部が変化します．具体的には，ハードウェアトロイが挿入されることで，ハードウェアトロイが挿入される前と比較し，周辺回路の消費電力や漏洩電磁波，信号の遅延が変化するはずです．これらの変化を検知することで，ハードウェアトロイの検知が期待できます．例えば，Jin らは遅延に基づきハードウェアトロイを検知する手法を提案しています［Jin and Makris, 2008］．

しかし，サイドチャネルのわずかな変化を検知するのも簡単ではありません．第3章で示したように，ハードウェアトロイは発見されにくいよう，小規模に構成されると考えられます．そのため，サイドチャネルとして通常回路の動作に現れる変化は，ごく微小です．回路の動作には元より製造時のわずかなばらつき（製造ばらつき）があるため，ハードウェアトロイによる微小な変化と，ハードウェアの製造ばらつきとの違いを区別する必要があります．この違いを区別する方法として，(1) 正規のプロセスで製造された真正な回路と比較する方法と，(2) 計測されたサイドチャネルの異常を検知する方法があります．

(1) の方法は，比較的分かりやすいです．ハードウェアトロイが挿入されていないことが保証された回路との比較を通じて，正常な回路におけるサイドチャネル波形との違いを検出し，ハードウェアトロイの有無を判定する方法です．ハードウェアトロイが挿入されていないことが保証された回路は，**ゴールデンモデル**と呼ばれます．しかし，ハードウェアトロイが挿入される可能性があるという状況の元では，ゴールデンモデルを利用するのは難しいものがあります．ハードウェアトロイが挿入される背景として，ハードウェアのサプライチェーンにおいて多くの第三者が携わる点をこれまで指摘してきました．多くの第三者が携わる中でゴールデンモデルを準備するのは，現実的には困難です．というのも，仮にゴールデンモデルを準備するならば，本来であれば多くの第三者が携わる作業を信頼できる関係者の中で担当する必要があるからです．ハードウェアを設計・製造する複雑な工程を考えると，ゴールデンモデルを準備するだけでも多くのコストがかかります．従って，ゴールデンモデルを準備できるという仮定は，あまり現実的とはいえません．

そこで，(2) の方法が考えられます．このアプローチでは，計測されたサイドチャネルに基づき，異常の有無を判定します．ここで注意する必要があるのは，計測されたサイドチャネルのばらつきが，製造ばらつきに起因するものか，ハードウェアトロイの疑いがある実装上のばらつきに起因するものかを，正確に判定する必要がある点です．

ここまでをまとめると，動的検知手法の長所と短所は以下のようになります．

動的検知手法の長所

・回路の実際の動作に基づき，ハードウェアトロイの有無を検知できる

動的検知手法の短所

・トリガ条件が設定されたハードウェアトロイの動作を検知することは，トリガ条件の特定が必要なため現実的には難しい
・ゴールデンモデルとの比較は分かりやすいアプローチだが，現実的には難しい
・サイドチャネルに基づく検知では，製造ばらつきを考慮した検知手法が必要になる

4.1.2　静的検知

静的検知手法では，回路を動作させずに，その設計情報の解析に基づきハードウェアトロイを検知します．

これまでに触れたように，ハードウェアの設計はハードウェア記述言語で記述されています．第 3.3 節では，ハードウェアトロイの設計に見られる代表的な特

徴を整理しました．これらの特徴に基づくことで，ハードウェアトロイを検知できると期待できます．その具体的な方法は，第4.2節で解説します．

ハードウェアの設計情報を解析することで，ハードウェアトロイ検知にかかる時間を動的検知と比較して大幅に減少させることができます．動的検知手法では，ハードウェアトロイの動作やそれの手がかりとなる情報を見つける必要がありました．特に，ハードウェアトロイの動作を直接的に見つけるためには，回路への入出力を可能な限り多く検証する必要があります．ところが，近年の大規模・複雑化した回路ではその入出力を検証しきれないため，実際にはごく一部の入出力のみ検証することになります．そのため，動的検知では網羅性の観点で問題があります．一方で，静的検知では，ハードウェア記述言語で記述された設計を対象とします．大規模・複雑化した回路であっても，設計情報の記述は現実的な時間内で解析できます．その意味で，静的検知では網羅的に検証できます．

静的検知では，ハードウェア記述言語で記述された設計情報に基づき，ある特徴的な記述が存在するかどうかを確認します．もっとも簡単なアプローチは，プログラム中に特徴的な文字列やビット列が含まれるかを確認する方法です．マルウェア検知では，特定のプロセスへの侵害や特定ホストへの通信を試みるものがあり，それらの情報がバイナリ中に含まれることがあるため，こうした特定の文字列や情報が含まれるかを判定するアプローチは有効に機能します．ところが，同じ機能を実現する回路であってもプログラムの記述は異なるため，この方法はハードウェア設計情報に対して有効ではありません．別のアプローチとしては，回路における特徴を確認するアプローチです．Waksmanらが提案するFANCI［Waksman et al., 2013］では，組合せ回路における真理値表を確認して，めったに変化しない信号線を特定し，ハードウェアトロイを検知します．ただし，真理値表は組合せ回路に対して構成するため，順序回路に対しては入出力の対応関係をすべて表現するのが難しくなり，ハードウェアトロイを効果的に検知するのには向きません．

Oyaらが提案する［Oya et al., 2015］では，回路の構造的な特徴に基づきハードウェアトロイを検知します．この手法については，次の第4.2節で解説します．

なお，静的検知にも欠点は2つ挙げられます．1つ目は，実際に回路の動作を検証していないため，不正動作を引き起こす回路かどうかの判定が難しい点です．検知された回路が正常であることもあるため，誤検知を可能な限り少なくするための手法が必要となります．２つ目は，静的検知は設計時に挿入されたハードウェアだけが検証対象になる点です．静的検知ではハードウェア設計情報に基づいてハードウェアトロイを検知するため，当然ながら設計時点における検知しかできません．LSIのサプライチェーンにおけるその後の工程でハードウェアトロイが挿入された場合には，その後の工程で判断する必要があります．ただし，設計工程におけるハードウェアトロイの挿入は，ハードウェア記述言語の改変だけで可能なため攻撃の難易度が低く，より現実的です．一方の製造工程における攻撃は，製造工程で利用される製造機器に熟知する必要もあり，攻撃の難易度が高いです．そのため，依然として静的検知は重要です．

ここまでをまとめると，静的検知手法の長所と短所は以下のようになります．

静的検知手法の長所

・設計情報の解析に基づき，現実的な時間でハードウェアトロイを検知できる

静的検知手法の短所

・実際の動作に基づいて判定しないため，誤検知の可能性がある
・ハードウェアの設計工程よりも後に挿入されたハードウェアトロイを検知できない

4.1.3 ハードウェアトロイ検知に向けて

ここまでで，ハードウェアトロイ検知のアプローチを動的検知と静的検知の観点で分類し，説明してきました．どちらのアプローチにも長所と短所があり，使い分けて適用する必要があります．

第１章でも述べたように，本書の対象はハードウェアの設計情報です．これに着目すると，静的検知手法のアプローチとの相性が良いです．特に，設計情報を現実的な時間内で網羅的に検査できる点で優位です．設計・製造工程を考慮すれば，仮にハードウェアトロイ検知の工程がそこに組み込まれる場合にも，現実的な時間内で完了する必要があります．検査技術を確立し，網羅的に設計情報を検査することで，製品の信頼性を高めることが期待されるでしょう．

次節からは，静的検知手法のアプローチを中心に，ハードウェアトロイの検知手法の詳細に踏み込んでいきます．

4.2 設計情報の特徴に基づく検知方法

本節では，ハードウェア記述言語で記述されたハードウェア設計情報に着目した，ハードウェアトロイ検知手法を解説します．構造的特徴に基づく方法と，指標に基づく方法とに分類し，それぞれの代表的な論文を取り上げます．

4.2.1 構造的特徴に基づく方法

第 3.3 節では，ハードウェアトロイに構造的な特徴が見られることを説明しました．これらの特徴をヒントに，ハードウェアトロイを検知します．

Oya らの研究［Oya et al., 2015, Oya et al., 2016］では，ハードウェアトロイの特徴を表す 9 種類の特徴とスコアに基づく検知手法を提案しています．ここでは，文献［Oya et al., 2016］で提案された手法を紹介します．構造的特徴に基づく方法でのハードウェアトロイ検知は，以下に示す 4 つのフェーズから構成されます．

// 構造的特徴に基づく検知手法の流れ

フェーズ 1　Characteristic（C）ポイントの算出
フェーズ 2　Scale（S）ポイントの算出
フェーズ 3　Location（L）ポイントの算出
フェーズ 4　ハードウェアトロイ検知

■フェーズ 1：C ポイントの算出　フェーズ 1 では，ハードウェアトロイによく見られる特徴的な回路構造に合致するものをハードウェア設計情報の中から探索します．合致する場合にはその特徴に対応するスコアを，その特徴の回路構造に含まれるすべての信号線に付与します．ここで付与するスコアを **C ポイント**と呼びます．表 4.1 に，フェーズ 1 で探索する 9 種類の特徴を示します．また，図 4.1 には，9 種類の特徴を図示します．これらの特徴は，第 3.3 節に示したハードウェアの構造的特徴をヒントに，具体的な値を割り当てる形で設計されています．

表 4.1　文献［Oya et al., 2016］における，C ポイントの特徴とスコアを割り当てる信号線．Case 1 から Case 9 までの 9 種類の構造的な特徴を元に，ハードウェアトロイを構成する信号線を識別します．図 4.1 に，それぞれの Case の図を示しています．

Case	特徴
Case 1	2 段の LSLG で構成される組合せ回路において，入力側の LSLG のファンイン数の合計が 6 以上となるときの，出力の信号線
Case 2	2 段または 3 段の LSLG で構成される組合せ回路において，入力側の LSLG のファンイン数の合計が 16 以上となるときの，出力の信号線
Case 3	マルチプレクサの選択信号の信号線
Case 4	ADDER の出力信号から 1 段セルを超えた先にある信号線
Case 5	フリップフロップを含むサブモジュールの出力の信号線
Case 6	0 または 1（定数）が直接入力されるフリップフロップの出力の信号線とクロック
Case 7	フリップフロップのクロック信号線が Case 2 であるときの，入力と出力の信号線とクロック
Case 8	22,000 以上の信号線を持つサブモジュールにおいて，1 つの信号線がサブモジュールのプライマリ入力，もう 1 つの信号線が Case 2 であるようなセルの，Case 2 の信号線
Case 9	反転されたテスト有効信号が入力側に接続される素子の，入力と出力の信号線

* LSLG: スイッチング確率の低いゲートであり，ここでは AND, OR, NAND, NOR の 4 種類のゲートのいずれかを指します．
* ADDER: 半加算器と全加算器のいずれかを指します．

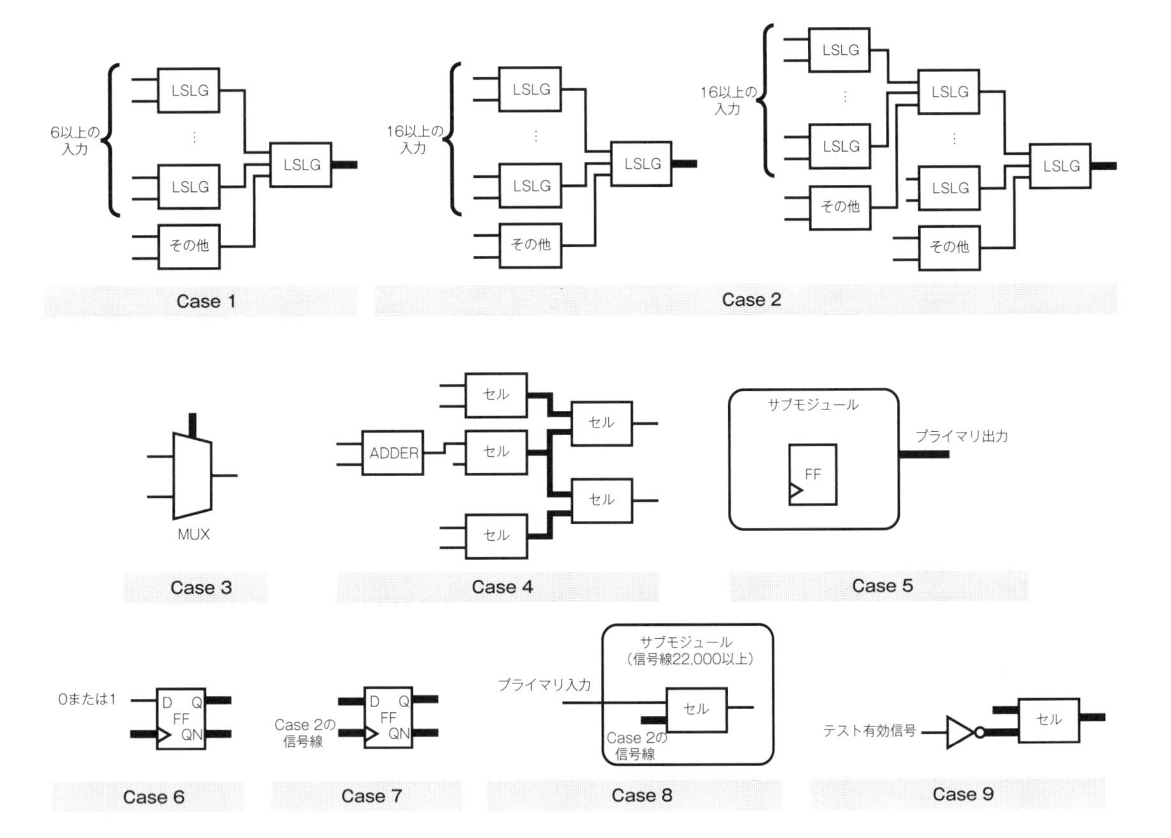

図 4.1　文献［Oya et al., 2016］における，Cポイントの特徴

第3.3節に示した特徴と，Cポイントに対応する特徴との関係を，もう少し詳細に紐解いていきます．Cポイントに対応する特徴は，大きく分けて以下の5種類に分類されます．

- Case 1, Case 2：数段手前のファンイン数
- Case 3：マルチプレクサ
- Case 4：半加算器・全加算器
- Case 5, Case 6, Case 7：フリップフロップ
- Case 8, Case 9：（サブモジュールや，テスト有効信号など特定の機能を持つ）プライマリ入力

Case 1, Case 2では，数段手前のファンイン数に着目します．これは，ハードウェアトロイのトリガ回路の特徴に関連します．第3.3節でも述べたように，ハードウェアトロイが発現することでテスト時や利用時に気づかれないようにするため，ハードウェアトロイには複雑なトリガ条件が設定されます．このトリガ条件を実装するには，組合せ回路を用いて多数の入力を受け取る必要があります．そのような場合，Case 1, Case 2に当てはまる信号線は，ハードウェアトロイを構成する信号線である可能性が高いといえます．

Case 3では，マルチプレクサに着目します．これは，第3.3節で述べたペイロード回路に関連します．機能停止や機能改変を引き起こすペイロード回路では，マルチプレクサを利用して実装されることがあります．この場合，マルチプレクサの選択信号には，ハードウェアトロイのトリガ回路が接続されます．ハードウェアトロイのうち，もっとも特徴的なのはトリガ回路です．従って，マルチプレクサの選択信号はトリガ回路の特徴を強く受けるものであり，ハードウェアトロイの特徴が現れやすい部分と考えられます．ただし，マルチプレクサは通常の回路にもよく使われるため，これだけではハードウェアトロイの特徴であると言い切れません．そのため，ほかの特徴と合わせて，信号線がハードウェアトロイの特徴を持つかを判断する必要があります．

Case 4では，加算器に着目します．これは，第3.3節で述べた順序回路によるトリガ回路に関連するものと考えられます．順序回路を用いたトリガ回路として，カウンタ回路を用いる方法が考えられます．カウンタ回路では，フリップフロップで保持した値を元に，加算器で値を加算し，更新します．フリップフロッ

プの出力の値に基づき，トリガ回路でトリガ条件が判定されます．そのため，加算器から1段離れた信号線がトリガ回路になり，ハードウェアトロイを構成する回路の特徴的な部分になります．なお，マルチプレクサと同様に，加算器も通常の回路でよく使われます．そのため，ほかのハードウェアトロイの特徴を考慮して，総合的に判断する必要があります．

Case 5, Case 6, Case 7では，フリップフロップに着目します．これはCase 4でも触れたように，第3.3節で述べた順序回路によるトリガ回路に関連します．フリップフロップも，通常の回路でよく使われる素子です．また，加算器と組み合わせたカウンタ回路についても，通常の回路で見られる構造です．そのため，Case 2で示されるようなトリガ回路との接続を確認するなど，ハードウェアトロイ固有の特徴を見分けるための構造と合わせて，確認する必要があります．

Case 8では，Case 2の特徴と合わせて，サブモジュールに着目します．これは，ハードウェアトロイがIPとして導入された場合などに該当します．

Case 9では，テスト有効信号に着目します．近年のハードウェアには，動作テストを容易に実行するためのテスト機能が実装されています．これらの機能はテスト時に利用されるものであり，通常の利用時には有効化されることはありません．ハードウェアトロイの中には，この性質を利用するものがあります．ハードウェアトロイを利用する攻撃者によっては，回路のテスト時には必ずハードウェアトロイが無効化されるように設定することで，テスト時に攻撃的な機能が動作することを防ぎます．これを実現するために攻撃者は，テスト有効信号に着目します．テスト有効信号を確認して，テストが無効なときにだけハードウェアトロイが発動するようにトリガ条件を設定すれば，テスト時にハードウェアトロイが動作しなくなるため，検出がより難しくなるわけです．

以上の各Caseに該当する特徴が見つかったときに，対応する信号線にCポイントを割り当てます．文献［Oya et al., 2016］では，それぞれの特徴に1点または2点のスコアを割り当てます．具体的な配点は，次の通りです．

// Cポイントへの配点

- Case 1からCase 5までの特徴：Cポイント1点
- Case 6からCase 9までの特徴：Cポイント2点

回路中に含まれるすべての信号線に対して，合致する特徴に対応するスコアを加算します．例えば，Case 1とCase 6の両方の特徴に合致する信号線には，それぞれに対応する1点と2点を加算した，3点がCポイントとして割り当てられます．

以上のように，回路設計情報の中からいくつかの構造的特徴を確認することで，第3.3節で述べたハードウェアトロイの特徴につながるヒントを得ることができます．しかし，マルチプレクサや加算器，フリップフロップのように，通常の回路でもよく見られる特徴が含まれています．そのため，Case 1からCase 9に示す構造的な特徴だけでは，ハードウェアトロイの検知は難しいと考えられます．そこで，フェーズ1で得られたCポイントに基づき，以降のフェーズで追加の条件を判定します．

■フェーズ2：Sポイントの算出　フェーズ1で得られたCポイントは，ハードウェアトロイを検知するための重要なヒントとなり得るものです．しかしながら，一般にフェーズ1に示すCase 1からCase 9の複数の特徴に合致する信号線は少ないため，Cポイントは比較的小さい値になり，通常の回路とハードウェアトロイとの境界を設定するのが難しくなると考えられます．そのため，ハードウェアトロイを検知するため，Cポイントだけに閾値を設定するのは現実的ではありません．

ここで，Cポイントに着目します．もし複数の特徴に合致する信号線であれば，Cポイントは大きな値になります．そのため，特に大きなCポイントが割り当てられた信号線は，ハードウェアトロイかどうかを判定するための強力なヒントになります．ここでは，回路中で最大のCポイントが割り当てられた信号線を，**最大Cポイントネット**と呼びます．

文献［Oya et al., 2016］では，信号線の数が300以上の回路を対象としているため，そのような回路に着目して議論します．このとき，**Sポイント**は次のように定義されます．

// Sポイントの定義

回路中の信号線の総数が300以上，かつ最大Cポイントネットの数が5以下の回路における，最大Cポイントネット：Sポイント3点

もし通常の回路であれば，フェーズ1に示すCase 1からCase 9の特徴に合

致する信号線が少ないため，最大のCポイントが1または2になります．すると，そのようなCポイントが割り当てられる信号線の数は多くなります．一方，もしハードウェアトロイを構成する信号線があれば，最大のCポイントは3やそれよりも大きな値になります．また，そのように大きなCポイントが割り当てられる信号線の数は，あまり多くなりません．従って，「最大Cポイントネットの数が5以下」という条件は，フェーズ1のCase1からCase 9の複数の特徴に合致した信号線がごく一部に存在することで，最大Cポイントネットの数が少ない場合を表します．

■フェーズ3：Lポイントの算出　CポイントとSポイントでは，ある特定の信号線に着目しており，局所的な指標になっていました．ここでは，Location Caseと呼ばれる6種類の周辺の回路構造を考慮し，ハードウェアトロイかどうかを判定します．表4.2に，6種類のLocation Caseを示します．また，図4.2に，Location Caseの特徴を図示します．**Lポイント**は，Location Caseに対応して割り当てられるスコアです．

表4.2 Lポイントを割り当てる特徴

Location Case	特徴
Location Case 1	最大Cポイントネットが，フリップフロップの入力の近くに位置する場合
Location Case 2	最大Cポイントネットが，フリップフロップの出力の近くに値する場合
Location Case 3	最大Cポイントネットが，サブモジュールのプライマリ入力の近くに位置する場合
Location Case 4	最大Cポイントネットが，サブモジュールのプライマリ出力の近くに位置する場合
Location Case 5	最大Cポイントネットが，サブモジュールのプライマリ出力のみに接続している場合
Location Case 6	最大Cポイントネットが，複数のファンアウトを持ち，そのすべてがLSLGに接続されている場合

* LSLG: スイッチング確率の低いゲートであり，ここでは具体的に，AND, OR,NAND, NORの4種類のゲートのいずれかを指します．

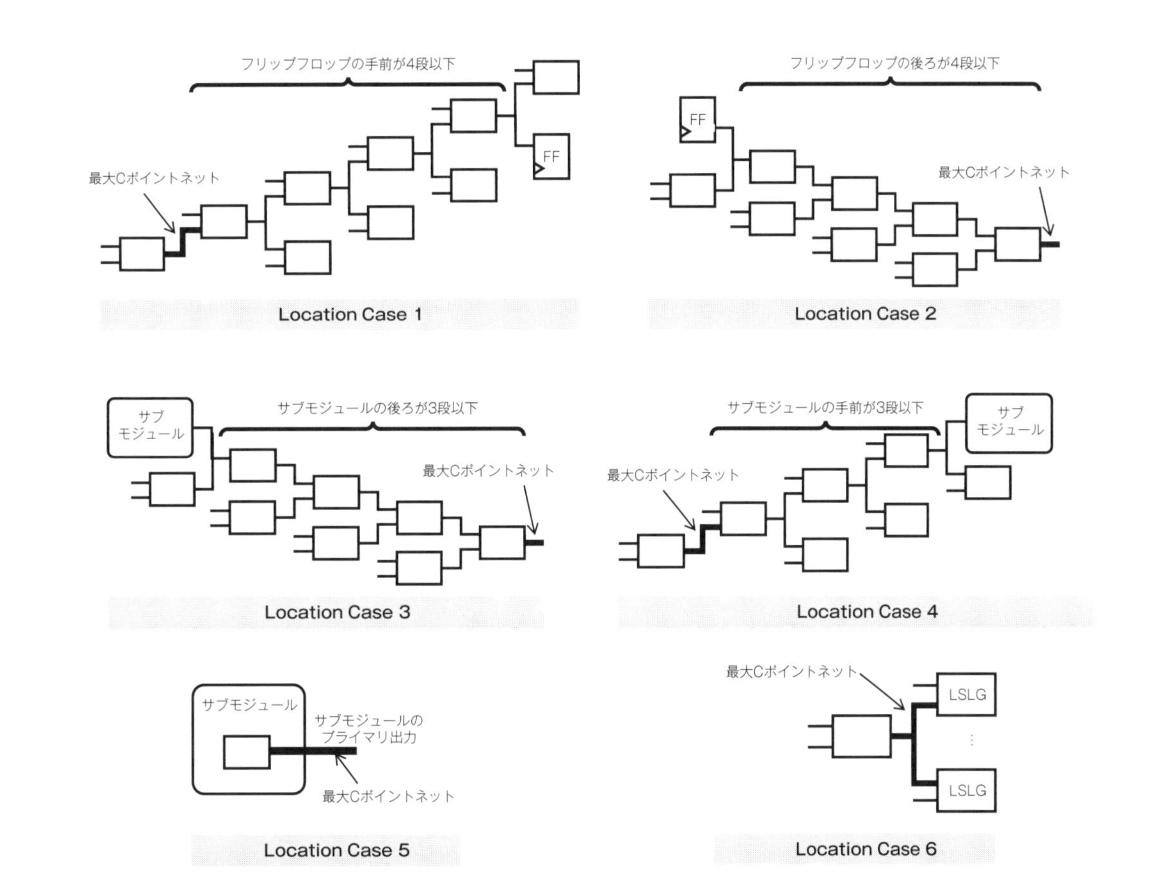

図 4.2 文献 [Oya et al., 2016] における，L ポイントの特徴

Location Case 1 と Location Case 2 は，最大 C ポイントネットに対して，フリップフロップまでの段数を考慮します．これは，ハードウェアトロイにおけるトリガ回路で，フリップフロップが利用される場合と関連する特徴です．

Location Case 3 と Location Case 4 は，最大 C ポイントネットに対して，サブモジュールのプライマリ入力やプライマリ出力までの段数を考慮します．これは，トリガ回路やペイロード回路をモジュールとして組み込む場合や，トリガ条件やペイロードの出力において回路のプライマリ入力やプライマリ出力が利用される場合と関連する特徴です．

Location Case 5 では，最大 C ポイントネットがサブモジュールのプライマリ出力だけに接続される場合を考慮します．また，Location Case 6 では，最大 C ポイントネットが複数のファンアウトを持ち，それらが LSLG（AND，OR，NAND，NOR ゲートのいずれか）だけに接続される場合を考慮します．これらは，文献［Oya et al., 2016］において，ベンチマーク回路を対象として検証した結果，特別な例として追加されたものです．

以上の Location Case に対応して，以下に示す L ポイントを割り当てます．

// L ポイントへの割り当て

- Location Case 1 から Location Case 4 までの特徴：L ポイント 1 点
- Location Case 5 の特徴：L ポイント 2 点
- Location Case 6 の特徴：L ポイント 3 点

■フェーズ 4：ハードウェアトロイ検知　これまでに算出した指標を元に，ハードウェアトロイが含まれるかどうかを判定します．回路中の各信号線に対する**トロイポイント**は，式（4.1）で算出されます．

$$\text{トロイポイント} = \text{C ポイント} + \text{S ポイント} + \text{L ポイント} \tag{4.1}$$

回路中のすべての信号線の中で最大のトロイポイントを，**最大トロイポイント**と呼びます．文献［Oya et al., 2016］によると，ベンチマーク回路を検証した結果，最大トロイポイントが 10 以上の回路であれば，ハードウェアトロイが挿入されている可能性が高いと判定できると報告されています．

ハードウェアトロイ検知の実現で問題となるのは，効果的な閾値を設定するのは容易でない点です．閾値を基準にした判定は分かりやすいですが，その一方でセキュリティの観点では最新の攻撃に対応できない可能性があります．つまり，攻撃者が新しいハードウェアトロイを作成した場合に，そのハードウェアトロイを既存の閾値の基準で判定できるとは限りません．そのような場合に，通常の回路と，新種を含むハードウェアトロイとを見分けるための効果的な閾値に更新するための人的コストが問題となります．加えて，ハードウェアトロイの特徴となる点についても，新しい脅威に対応する必要があります．この分析も容易ではなく，人的コストがかかります．構造的特徴は，ハードウェアトロイを検知するための重要なヒントとなりますが，これらの問題を解決する必要があります．

構造的特徴に基づく方法の長所

- 設計情報に基づき特定の回路構造が含まれるかを確認するため，現実的な時間内でハードウェアトロイ検知の処理が完了する

構造的特徴に基づく方法の短所

- ハードウェアトロイを検知するのに有効な特徴を探すために，人的コストがかかる
- ハードウェアトロイを検知するのに効果的な閾値を設定する必要がある

構造的特徴に基づく方法のポイントは，『ハードウェアトロイには何らかの特徴的な回路構造があり，それをヒントにすれば十分な精度で検知できる』点です．上記の長所にも示すように現実的な時間内でハードウェアトロイの検知処理が完了するため，実用的でもあります．ハードウェアトロイ検知の実用化については，第５章で解説します．

4.2.2　指標に基づく方法

ハードウェアトロイを検知するために，一般のハードウェアの検査で用いられる指標を利用する方法があります．本項ではその代表例として，Salmani らの手法［Salmani, 2017］では，回路の**可制御性**（Controllability）と**可観測性**（Observability）を用いる手法を元に，解説します．

■可制御性と可観測性　可制御性と可観測性について，少し踏み込んで解説しま

す．可制御性とは，回路中のある信号線について，回路外部の入力によってどの程度設定しやすいかを表す指標です．可観測性とは，回路中のある信号線について，その信号線の値を外部からどの程度観測しやすいかを表す指標です．これらの指標は，ハードウェアの検査で用いられる指標です．

ハードウェアの検査では，あるテスト入力（**テストパターン**）を回路に入力したときに，期待した出力が得られるかを確認します．このとき，テスト入力の数を多くすればするほど，回路機能の動作を網羅的に検査できます．しかし，実際のサプライチェーンでは，限られた時間の中でテストを実施する必要があるため，むやみに多量のテストパターンを試すのは非効率的です．また，テストパターンを効率的に生成する手法が期待されますが，大規模・複雑化した回路では簡単な話ではありません．そこで，検査対象の回路に対する検査がどの程度容易かを，あらかじめ評価する手法が採られます．回路の設計段階で，検査が容易になるよう設計することで，テスト工程におけるテストパターンの生成やテストの実施を効率的に進めることが期待されます．そこで参考になるのが，回路の可制御性と可観測性です．可制御性と可観測性が高い回路であれば，回路の動作を確認するために効果的なテストパターンを作りやすい回路といえます．

■可制御性と可観測性の計算 以下では，SCOAP［Goldstein, 1979］の手法を取り上げ，可制御性と可観測性の計算方法を解説します．

可制御性は，プライマリ入力の値を変更することで，対象となる信号線における値を設定する複雑さ（あるいは容易さ）を表す指標です．数値が低ければ値を設定するのが容易であり，数値が高ければ値を設定するのが困難であることを示します．可制御性は，対象の信号線に対して値を0に設定する「0可制御性」と，値を1に設定する「1可制御性」に分けられます．ここでは，信号線 x に対する0可制御性と1可制御性を，それぞれ記号で $CC^0(X)$，$CC^1(X)$ として表します．この表記を用いて，プライマリ入力 I に対する可制御性を考えます．プライマリ入力から入力を与えるため，プライマリ入力自身の可制御性はもっとも小さい値となります．プライマリ入力 I に対する可制御性は，式（4.2），(4.3) で定義されます．

$$CC^0(I) \triangleq 1 \tag{4.2}$$

$$CC^1(I) \triangleq 1 \tag{4.3}$$

可観測性は，対象となる信号線における値を，プライマリ出力から観測する複雑さ（あるいは容易さ）を表す指標です．ここでは信号線 x に対する可観測性を，記号で $CO\,(X)$ として表します．この表記を用いて，プライマリ出力 U に対する可観測性を考えます．プライマリ出力は直接観測できるため，プライマリ出力自身の可観測性はもっとも小さい値となります．プライマリ出力 U に対する可観測性は，式 (4.4) で定義されます．

$$CO(U) \triangleq 0 \tag{4.4}$$

これらの定義を起点として，各素子に対応する計算式を用いて，プライマリ入力やプライマリ出力から再帰的に可制御性と可観測性を計算します．例えば，2 入力 AND ゲートの入力 A , B があるとき，出力 C の可制御性は次のように計算されます．

$$CC^0(C) = \min(CC^0(A), CC^0(B)) + 1$$
$$CC^1(C) = CC^1(A) + CC^1(B) + 1$$

2 入力 OR ゲートの入力 A , B があるとき，出力 C の可制御性は次のように計算されます．

$$CC^0(C) = CC^0(A) + CC^0(B) + 1$$
$$CC^1(C) = \min(CC^1(A), CC^1(B)) + 1$$

基本的に，ゲートを 1 つ通過するごとに，可制御性は 1 増加します．AND ゲートの出力 C を 0 にするためには，入力 A か B のどちらかが 0 になれば良いため，0 可制御性は入力 A と B の 0 可制御性の小さい値を用いて計算されます．一方，出力 C を 1 にするためには，入力 A と B の両方を 1 にする必要があるため，1 可制御性については，入力 A と B の可制御性の和を用いて計算されます．OR ゲートについても同様の考え方から，可制御性と可観測性が計算されます．

2 入力 AND ゲートにおける，出力 C に対する入力 A, B の可観測性は次のように計算されます．

$$CO(A) = CO(C) + CC^1(B) + 1$$
$$CO(B) = CO(C) + CC^1(A) + 1$$

2入力ORゲートにおける，出力 C に対する入力 A, B の可観測性は次のように計算されます．

$$CO(A) = CO(C) + CC^0(B) + 1$$
$$CO(B) = CO(C) + CC^0(A) + 1$$

可制御性と同様に，ゲートを1つ通過するごとに，可観測性は1増加します．ANDゲートの入力 A に着目して，具体的な状況を考えます．もし入力 B が0であれば，入力 A の値によらず常に出力 C が0になるため，入力 A の値を観測できません．そのため，入力 A の値を観測するためには，入力 B が1である必要があります．従って，$CO(A)$ の計算に入力 B の1可制御性 $CC^1(B)$ が含まれます．入力 B や，ORゲートについても，同様の考え方で定義されます．

具体例を用いて，複数のゲートが接続された場合を計算します．図4.3に，2入力のANDゲートとORゲートを1つずつ用いた簡単な回路の例を示します．この中に，プライマリ入力の信号線 A, B, C，プライマリ出力の信号線 Y と，内部信号の X があります．それぞれの信号線について，可制御性と可観測性を計算します．

まず可制御性を計算します．可制御性は，プライマリ入力を起点に計算されます．プライマリ入力 A, B, C の0可制御性は，式(4.2)に基づくと以下のように割り当てられます．

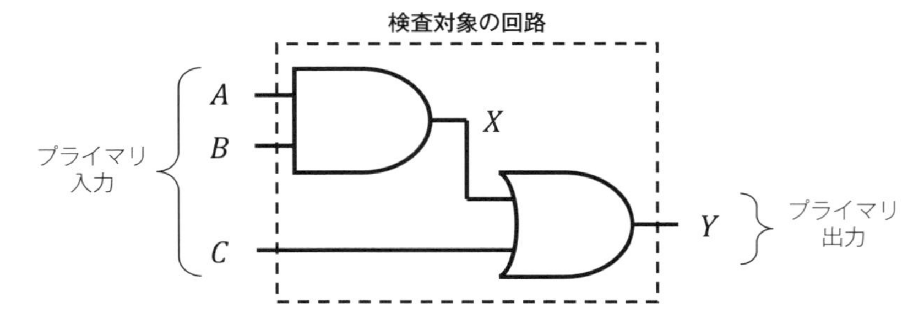

図4.3 可制御性と可観測性の例．まずは可制御性を，プライマリ入力から順にたどって計算します．次に可観測性を，プライマリ出力からたどって計算します．

$$CC^0(A) = 1$$
$$CC^0(B) = 1$$
$$CC^0(C) = 1$$

また，プライマリ入力の信号線 A, B, C の 1 可制御性も，式（4.3）に基づくと以下のように割り当てられます．

$$CC^1(A) = 1$$
$$CC^1(B) = 1$$
$$CC^1(C) = 1$$

このとき，信号線 X の 0 可制御性と 1 可制御性は，以下のように計算されます．

$$\begin{aligned} CC^0(X) &= \min(CC^0(A), CC^0(B)) + 1 \\ &= 2 \\ CC^1(X) &= CC^1(A) + CC^1(B) + 1 \\ &= 3 \end{aligned}$$

続いて，プライマリ出力 Y の 0 可制御性と 1 可制御性は，以下のように計算されます．

$$\begin{aligned} CC^0(Y) &= CC^0(X) + CC^0(C) + 1 \\ &= 4 \\ CC^1(Y) &= \min(CC^1(X), CC^1(C)) + 1 \\ &= 2 \end{aligned}$$

この結果より，プライマリ出力 Y は 1 に変更することが容易ですが，0 に変更することが少し難しいことが分かります．

次に，可観測性を計算します．可観測性は，プライマリ出力を起点に計算されます．プライマリ出力 Y の可観測性は，式（4.4）に基づき以下のように割り当てられます．

$$CO(Y) = 0$$

このとき，信号線 X とプライマリ入力 C の可観測性は，以下のように計算されます．

$$
\begin{aligned}
CO(X) &= CO(Y) + CC^0(C) + 1 \\
&= 2 \\
CO(C) &= CO(Y) + CC^0(X) + 1 \\
&= 3
\end{aligned}
$$

続いて，プライマリ入力 A, B の可観測性は，以下のように計算されます．

$$
\begin{aligned}
CO(A) &= CO(X) + CC^1(B) + 1 \\
&= 4 \\
CO(B) &= CO(X) + CC^1(A) + 1 \\
&= 4
\end{aligned}
$$

この結果より，信号線 X の可観測性がほかのプライマリ入力よりも小さいため，容易に値を推測できることを示します．実際，プライマリ入力 C の値を 0 に固定すれば，信号線 X の値がそのままプライマリ出力 Y に出力されるため，プライマリ入力の値を固定するコストは比較的小さいです．

ここまででは，AND ゲートと OR ゲートを例に挙げて可制御性と可観測性を説明しました．ほかの論理ゲートやフリップフロップを使った順序回路についても，同様にプリミティブセルを 1 段通過したときの可制御性と可観測性の計算式が割り当てられています．可制御性についてはプライマリ入力から再帰的に，可観測性についてはプライマリ出力から再帰的に計算することで，各信号線における可制御性と可観測性を計算できます．また，可制御性と可観測性について，それぞれ 1 回だけ一方向に計算することで算出できるので，大規模な回路であっても計算コストは大きくありません．

■可制御性と可観測性を用いたハードウェアトロイ検知 ここまでで，可制御性と可観測性について説明しました．可制御性と可観測性を用いることで，回路のテストがどのくらい容易かを定量的に評価することができます．この指標は，ハードウェアトロイの存在を確認するためのヒントにもなり得ます．

ハードウェアトロイにはトリガ条件があることから，外部から有効化するのが難しい点が特徴として挙げられます．外部から値を制御するのが難しいことから，可制御性が高い回路である可能性があります．特に，ハードウェアトロイの機能を有効にするためのトリガ信号は，ハードウェアトロイを有効にする場合にだけ，値が0または1に変化します．これは，プライマリ入力の値を変化させることで，トリガ信号を0または1に変化させるのが難しいことを意味します．そのため，0可制御性または1可制御性のどちらかが高くなるといえます．また，可観測性の計算式には可制御性の値が含まれることから，同時に可観測性も高くなるといえます．このことから，可制御性と可観測性の値を確認することで，ハードウェアトロイを構成すると考えられる信号線を識別できることが期待されます．

Salmaniらが提案する，COTD手法［Salmani, 2017］では，0可制御性と1可制御性の大きさを取るため，ハードウェア中の各信号線 S に対して，次式を計算します．

$$CC(S) = \sqrt{(CC^0(S))^2 + (CC^1(S))^2} \tag{4.5}$$

これを用いて，可観測性との2つ組（タプル）$<CC(S)$，$CO(S)>$ を構成します．次式を用いて，このタプルの大きさを計算します．

$$| < CC(S), CO(S) > | = \sqrt{(CC(S))^2 + (CO(S))^2} \tag{4.6}$$

信号線 S が通常の回路を構成するものであれば，テスト工程を容易にする前提があることから，$| < CC(S)$，$CO(S) > |$ が小さい値になることが予想されます．一方で，ハードウェアトロイを構成する配線であれば，$| < CC(S)$，$CO(S) > |$ が大きくなることが予想されます．

COTDでは，タプル $< CC(S)$，$CO(S) >$ に対して，K-Meansを用いてクラスタリングします．クラスタリングの詳細は，この後の第4.3節で解説します．$K = 3$ と設定することで，タプルを3つのクラスタに分類します．1つ目のクラスタは通常の回路を構成する信号線の集合で，$CC(S)$ と $CO(S)$ の値がともに小さいものが集まります．2つ目のクラスタはハードウェアトロイを構成する信号線の集合で，$CC(S)$ の値が大きいものが集まります．3つ目のクラスタもハードウェアトロイを構成する信号線の集合で，$CO(S)$ の値が大きいものが集まります．2つ目と3つ目のクラスタに分類された信号線を特定することで，ハードウェアトロイを構成する信号線を検出できます．

COTDを改良して，順序回路にも適用できるハードウェアトロイ検知手法も提案されています［Tebyanian et al., 2021］．可制御性と可観測性の指標は，フリップフロップを用いた順序回路でも算出できます．Tebyanianらは，COTDに対して，順序回路を考慮した可制御性と可観測性の指標を導入した手法を提案し，より広い範囲の回路に適用できることを示しています．

以上のように，COTDの手法は分かりやすく，利用しやすい手法です．しかし，COTDによる検知を回避するハードウェアトロイの例が，Hsuらにより報告されています［Hsu et al., 2024］．この手法では，可制御性と可観測性の値を小さく抑えたまま，稀な条件となるトリガ回路を設計する手法を提案しています．すなわち，トリガ回路を巧妙に設計することで，トリガ回路の可制御性と可観測性の値を，通常の回路のものと同じようにすることができるのです．従って，可制御性と可観測性だけを用いたハードウェアトロイ検知は，残念ながら有効ではないといえます．

指標に基づく手法の長所と短所は，以下にまとめられます．

- **指標に基づく手法の長所** 既存の指標を利用するため，既存ツールを用いて現実的な時間内で検証が完了する
- **指標に基づく手法の短所** 分かりやすい手法であるため，回避する手法が提案される

4.3 特徴量エンジニアリングと機械学習

第4.2節では，設計情報の特徴に基づくハードウェアトロイ検知の方法を解説しました．これらの検知手法は，ベンチマーク回路を対象にした検知精度の観点で十分である一方で，未知のハードウェアトロイへの対応が課題となっていました．特に，特徴量のスコアや指標に閾値を設けて識別する手法では，どのようにしてハードウェアトロイ検知に有効な特徴量を選択するか，また，どのようにしてハードウェアトロイ検知に有効な閾値を設定するかが課題となります．これらの課題を達成するため，特徴量エンジニアリングと機械学習を導入します．

4.3.1 機械学習

機械学習では，ハードウェアトロイを検知するためのモデルの構築を目的とします．機械学習を適用することで，データセットの分析に基づいて検知モデルを自動的に構築します．

ハードウェアトロイのモデルを構築するための機械学習のアプローチは，大きく分けて**教師あり学習**，**教師なし学習**の2つがあります[20]．

教師あり学習

教師あり学習では，訓練データセットを用います．この訓練データセットには，各サンプルを表す情報（ベクトルなどのデータ）と，そのデータに対応するラベルが存在します．教師あり学習のアルゴリズムは，サンプルを表す情報をモデルに与えたとき，モデルが出力するラベルと正解ラベルとの誤差が最小になるよう，モデルのパラメータを最適化します．ハードウェアトロイ検知では，ラベルは正常回路か不正回路かの２通りを表し，モデルの出力もこれに対応する２通りとなります．

■教師あり学習のアルゴリズム 教師あり学習のアルゴリズムとして，以下が例として挙げられます．

- Support Vector Machine（SVM）
- 決定木
- 深層学習

SVM は，各データサンプルとの距離が最大となる超平面を算出し，クラスを分類する方法です．図 4.4 に，SVM による分類のイメージを示します．超平面とは，隣接する２つのクラスを識別するための境界面のようなものです．直観的な理解としては，訓練データセットのうち別々のクラスが割り当てられている隣接する２つのサンプルに対して，そのちょうど間に境界を引くことができれば，その境界を用いることで精度の良い分類器を構成できるという考えです．学習時には，各クラスを分類するための超平面を計算します．推論時には，学習時に得られた超平面に基づき，与えられたサンプルのクラスを推測します．

決定木は，各特徴量とそれに対応する閾値が多数連なった決定木と呼ばれるモデルを構成し，クラスを分類する方法です．図 4.5 に，決定木による分類のイメージを示します．決定木には多数のノードが存在し，それぞれのノードに特徴量とその特徴量に対する閾値が割り当てられています．分類を開始する，根となるノードが１つ存在します．今いるノードにおいて，そのノードに割り当てられ

[20] 便宜上の分け方であり，実際には数多くの機械学習アルゴリズムが提案されています．例えば，教師あり学習と教師なし学習の良い点を合わせた半教師あり学習のアプローチも提案されています．より詳細な内容は，機械学習に関する専門書を参照してください．

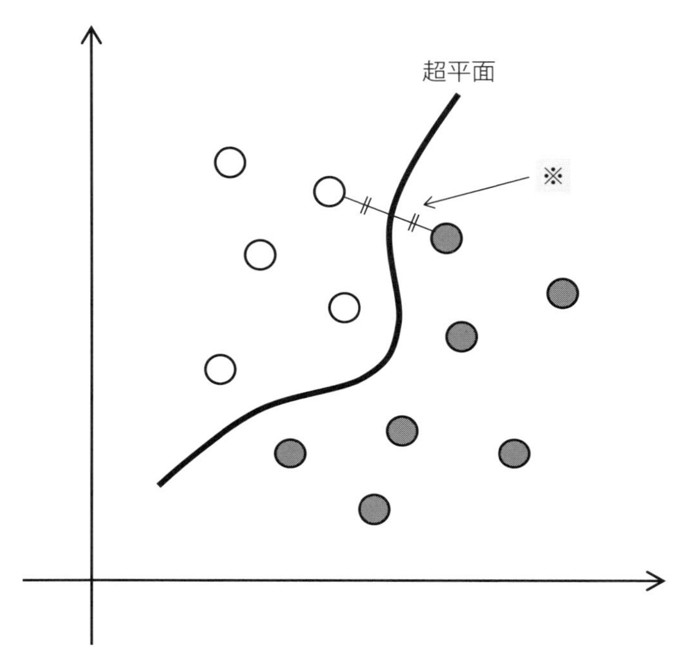

図 4.4　SVM による分類のイメージ．二次元空間で，1 つ目のクラス（白抜きのサンプル）と 2 つ目のクラス（黒抜きのサンプル）を分類することを考えます．このとき，2 つのクラスのサンプルが隣接する，ちょうど間（図の「※」のような関係）に境界を引くことで，2 つのクラスを分類できます．この境界を用いることで，テストデータに対しても精度良く分類できることが期待されます．なお，実際にはデータセットに応じて，二次元以上の空間を扱うことになります．

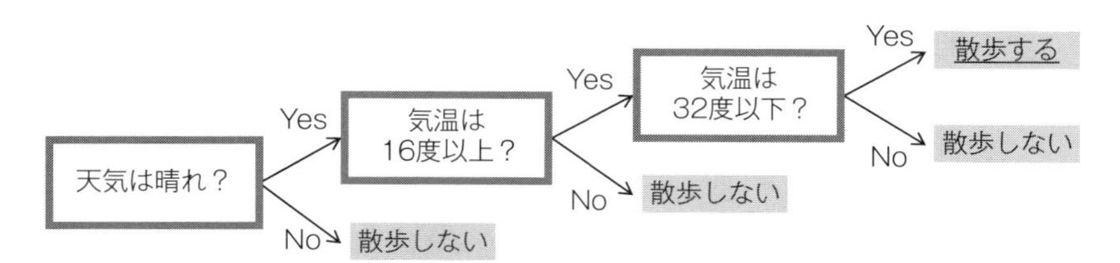

図 4.5　決定木による分類のイメージ．「天気」と「気温」の 2 つの特徴量に基づき，散歩するかしないかを分類します．四角で囲まれたノードで，特徴量に設定された条件を判定します．判定の結果に応じて，次のノードの判定に移ります．もうノードが無い場合は下線の値（「散歩する」または「散歩しない」）に移り，それが決定木の最終的な分類結果となります．

た特徴量が閾値を上回るか，そうでないかによって，進む先のノードが分岐します．次のノードに進んだら同様に閾値を判定し，さらに次のノードに進みます．次に進むノードがなくなるまで，同様の判定を繰り返します．最後のノードにはクラスが割り当てられており，そのクラスが推測結果となります．学習時には，この決定木の各ノードに割り当てる特徴量や閾値を設定します．推論時には，学習時に決定された各ノードの特徴量や閾値に従い，入力データを分類していきます．決定木を 1 つ用いた分類器を弱分類器とし，複数の決定木を用いてその結果を総合的に見て最終的な分類を行うことで，分類の精度を向上させます．学習のアルゴリズムとしては複数提案されており，代表的なものとしては，多数の決定木を用いる Random Forest［Breiman, 2001］や，多数の決定木を学習する際に目的関数との勾配情報を用いる XGBoost［Chen and Guestrin, 2016］があります．

深層学習は，入力データと重みとの積和を活性化関数に与えて出力するユニットを多数接続したモデルです．このユニットを多数並べたものを 1 層として，複数の層を接続し，最終的な結果を出力します．

ここでは，数式を用いて深層学習モデルを一般化して解説します．訓練データセット D は，N 個のサンプル $(\mathbf{x}_i, y_i), i \in [N]$ から構成されるものとします．ただし，$\mathbf{x}_i$ は i 番目のサンプルの情報を表すベクトル，y_i は i 番目のサンプルに対応する正解ラベルを表します．モデル f_θ は，θ をパラメータに持つ検知モデルを表すものであり，$\tilde{y} = f_\theta(\mathbf{x})$ を計算することで，サンプル $\mathbf{x}$ に対する予測ラベル $\tilde{y}$ を出力します．ここで，正解ラベルと予測ラベルとの誤差を計算する損失関数 $L(y, \tilde{y})$ を導入します．損失関数には，例えば二乗誤差やクロスエントロピーなど，モデルが処理するタスクやラベルの表現形式に応じた関数が割り当てられます．教師あり学習では，式（4.7）を処理することで，損失関数の平均を最小化するようにパラメータ θ を最適化します．

$$\min_{\theta} \frac{1}{N} \sum_{i \in [N]} L\left(y_i, f_\theta(\mathbf{x}_i)\right)$$

■ハードウェアトロイ検知における教師あり学習の流れ　図 4.6 は，ハードウェアトロイ検知における教師あり学習の流れを示します．

訓練フェーズでは，まず与えられた回路設計情報から特徴量を抽出します．特

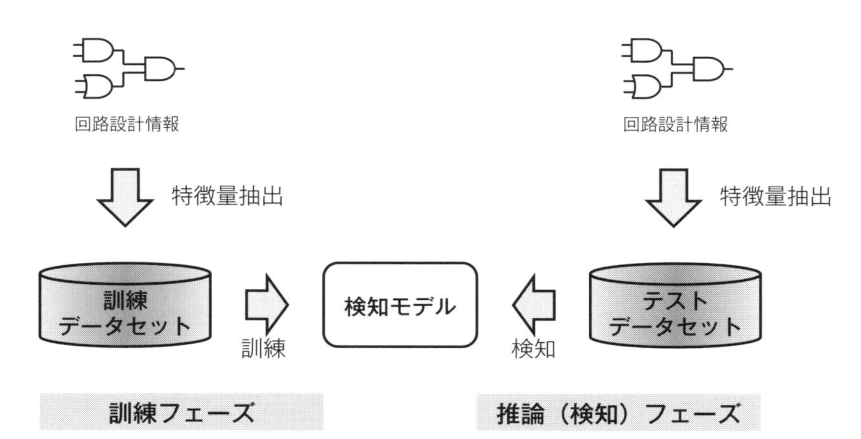

図 4.6 ハードウェアトロイ検知における教師あり学習の流れ．訓練フェーズでは，回路設計情報から特徴量を抽出し，訓練データセットを作成します．この訓練データセットを用いて，検知モデルを訓練します．推論フェーズでは，回路設計情報から特徴量を抽出して作成したデータセットを用いて，学習済みの検知モデルにデータセットを与えることで，検知結果を取得します．

徴量を抽出する方法は，本節の後半で解説します．複数の回路から特徴量を抽出して集めることで，訓練データセットを構成します．この訓練データセットを用いて，検知モデルを訓練します．

検知フェーズでは，訓練フェーズと同様に検査対象の回路設計情報から特徴量を抽出します．この抽出された特徴量を用いて，テストデータセットを構成します．訓練フェーズで学習された検知モデルを用いて，テストデータセットの値に基づき推論することで，検知結果を取得します．

■教師あり学習のポイント 教師あり学習は，訓練データセットに含まれる情報とそのラベルとの対応に基づきモデルを最適化するため，訓練データセットに含まれる情報に対して高い精度で分類できます．教師あり学習のポイントは，以下の２点です．

- **ポイント１：**ラベルが存在する十分な数の訓練データセットの用意
- **ポイント２：**訓練データセットに含まれない情報への汎用性

ポイント1は，訓練データセットに関する課題です．現実世界において，データとそのラベルが高品質に対応づけられたデータセットは，私たちが思っている以上に少ないものです．例えば，ハードウェアトロイのデータセットについてはどうでしょうか．そもそも，ハードウェアトロイが実際に使用された例は公開されておらず，学術研究として提案されたいくつかの回路しか公開されていません．そのため，十分な数のハードウェアトロイサンプルを確保するのが難しいという問題があります．また，ハードウェアの設計情報は，ハードウェア記述言語で記述されています．基本的な機械学習アルゴリズムでは，サンプルの情報をベクトル形式で表現することから，プログラムとして記述された情報をそのまま扱うのは難しいといえます[21]．そのため，機械学習を適用しやすい形式に変換する必要があります．

ポイント2は，汎用性に関する課題です．教師あり学習では，訓練データセットに含まれる情報に基づき，モデルを最適化します．このとき，訓練データセットに対してモデルを過度に適合させると，訓練データセットに含まれない情報に対する分類性能が低下することが知られています．この現象は，**過適合**と呼ばれます．特に，ハードウェアトロイのデータセットは，前述の通り十分な数のサンプルを準備するのが難しいものです．そのため，限られたサンプルを用いて，できるだけ広い範囲のハードウェアトロイを検知できるモデルを構築することが期待されます．少数のサンプルへの過適合を防ぎ，訓練データセットに含まれないハードウェアトロイへ対応させることが課題となります．

以上より，教師あり学習の長所と短所は次のようにまとめられます．

- **教師あり学習の長所**　訓練データセットに基づき検知モデルを最適化するため，比較的高い精度を得られることが期待される
- **教師あり学習の短所**　訓練データセットを準備する必要がある．特に，ハードウェアトロイに関する情報を収集するのは難しいため，現実的なシナリオのもので訓練デー

[21] なお，近年では大規模言語モデルのようなテキスト情報を扱うAIモデルの利用も進んでいます．日常的な知識に基づく会話などのタスクで驚異的な性能を示す反面，ハードウェアトロイ検知のような特定の分野の知識を要するタスクについてはこれから研究が期待されるところです．

タセットを構築するための方法を検討する必要がある
過適合を防ぐ必要がある．特に，ハードウェアトロイのサンプルは少数しか集められず，また未知のハードウェアトロイが現れる可能性もあるため，そのようなハードウェアトロイにもできるだけ対応できるモデルにする必要がある

教師なし学習

教師なし学習では，教師あり学習とは逆に，訓練データセットを必要としません．与えられたデータセットの性質を分析し，そのデータセットに対する分類結果やスコアを返します．

教師なし学習では，いくつかのアプローチが存在します．ここでは，ハードウェアトロイ検知に使われるアルゴリズムとして，クラスタリングと異常検知アルゴリズムを紹介します．

クラスタリングは，与えられたサンプルをいくつかのクラスに分類するタスクです．代表的な手法として，K-Means［MacQueen et al., 1967］があります．第4.2節において，指標を用いた検知方法として紹介したCOTDでも，K-Means法が利用されています．この手法では，データセットのクラスタ数 K をパラメータとして与えて，以下の手順を実行します．

1. **手順1**：各サンプル $\mathbf{x}_i (1 \leq i \leq N)$ に対して，ランダムにクラスタを割り当てる
2. **手順2**：各クラスタに割り当てられたサンプルに対して，重心を計算する
3. **手順3**：各サンプル $\mathbf{x}_i (1 \leq i \leq N)$ に対して，手順2で計算した各クラスタの重心までの距離を計算し，距離がもっとも短いクラスタに割り当てなおす
4. **手順4**：手順2, 3を，割り当てられるクラスタが変化しなくなるまで繰り返す

異常検知は，与えられたサンプルの分布から外れたサンプルを検知するためのアルゴリズムです．具体的なアルゴリズムとして，マハラノビス距離や，局所外

れ値因子法（Local Outlier Factor, LOF）［Breunig et al., 2000］が挙げられます．マハラノビス距離は，与えられたデータセットのうち，各サンプルが正規分布からどの程度離れているかを評価する指標です．1 変数だけでなく多変数のそれぞれが正規分布からどの程度離れているかを指標化できます．局所外れ値因子法は，密度に基づく異常検知方法です．データセットの性質にもよりますが，距離が離れていたところに少数の疎なクラスタを形成する場合が考えられます．ここでいう疎なクラスタとは，クラスタ内のサンプルの距離が比較的離れていることを指します．このような場合，距離に基づく方法では，疎なクラスタのサンプルが異常値として判定されることがあります．この問題を解決するのが，局所外れ値因子法です．イメージとしては，各サンプルと，その近傍のサンプルの周辺の密度が，どのくらい離れているかを考慮します．例えば前述の疎なクラスタに対しては，近傍のサンプルの周辺も同様の密度であるため，同じクラスタとして考えることができます．ところが，真に異常なサンプルは近傍のサンプルの周辺の密度が，他と比べて小さいと考えられます．このようにして，異常なサンプルを特定できます．

このように教師なし学習では，与えられたデータセットに基づいてクラスタへの分類や異常検知を行います．それぞれのクラスタにどのような意味があるか，また異常検知としてどのような指標に基づくことで期待した結果を得られるかは，モデルのパラメータをチューニングすることで調整する必要があります．教師なし学習では，この点が難しいところです．

- **教師なし学習の長所**　ラベルが必要ないため，教師あり学習における訓練データセット作成と比べて準備が容易
- **教師なし学習の短所**　訓練データセットに正解ラベルが無いため，検知精度を向上させるのが難しい
クラスタや閾値などのパラメータ設定が難しい

機械学習における評価指標

ハードウェアトロイ検知では，正解ラベルとして，通常の回路を構成する信号線か，ハードウェアトロイを構成する信号線かの 2 通りがあります．検知モデルの目的としてはハードウェアトロイを構成する信号線を特定することであるため，ハードウェアトロイを構成する信号線（**トロイネット**）を正例（Positive），

通常の回路（**ノーマルネット**）を構成する信号線を負例（Negative）とみなすことにします．これに対して，それぞれ正しく分類できたか（True），誤って分類されたか（False）の2通りの分類結果が得られます．

図4.7に，分類結果の関係をまとめます．True Negative（TN），False Positive（FP），False Negative（FN），True Positive（TP）の4通りがあります．

- True Negative（TN）：ノーマルネットを，正しくノーマルネットと識別すること
- False Positive（FP）：ノーマルネットを，誤ってトロイネットと識別すること
- False Negative（FN）：トロイネットを，誤ってノーマルネットと識別すること
- True Positive（TP）：トロイネットを，正しくトロイネットと識別すること

これらを用いて，正解率（Acucracy），再現率（Recall），適合率（Precision），F1値（F1-score）は，次のように計算されます．

$$\text{Accuracy} = \frac{\text{TN} + \text{TP}}{\text{TN} + \text{FP} + \text{FN} + \text{TP}} \tag{4.8}$$

$$\text{Recall} = \frac{\text{TP}}{\text{FN} + \text{TP}} \tag{4.9}$$

$$\text{Precision} = \frac{\text{TP}}{\text{FP} + \text{TP}} \tag{4.10}$$

$$\text{F1-score} = \frac{2 \times \text{Recall} \times \text{Precision}}{\text{Recall} + \text{Precision}} \tag{4.11}$$

		モデルの出力	
		Negative	Positive
正解ラベル	通常の回路を構成する信号線（Negative）	True Negative（TN）	False Positive（FP）
	ハードウェアトロイを構成する信号線（Positive）	False Negative（FN）	True Positive（TP）

図4.7　ハードウェアトロイの検知モデルの分類結果に対する正誤の関係

それぞれ，次に示す意味を持ちます．

- **正解率（Accuracy）**：サンプル全体の数に対する，正しく分類したサンプル数の割合．
- **再現率（Recall）**：正解のトロイネットの数に対する，正しくトロイネットと分類した割合．
  再現率が高ければ，検知モデルはより多くのトロイネットを網羅しており，見逃しが少ないといえます．
- **適合率（Precision）**：トロイネットと分類された信号線の数に対する，真にトロイネットである割合．
  適合率が高ければ，検知モデルでトロイネットとして検知された信号線には真にトロイネットであるものが多く含まれており，トロイネットであるという判定に対する誤りが少ないといえます．
- **F1 値（F1-score）**：再現率と適合率の調和平均．
  F1 値が高ければ，再現率と適合率のバランスがとれているといえます．

ここで，具体例を用いて評価指標の性質を確認します．データセットが均等な場合（例 1）と，均等でない場合（例 2）を用いて解説します．

データセットが均等な場合の例 1 では，ノーマルネット，トロイネットがそれぞれ 50 個ずつ，計 100 個存在する場合を考えます．図 4.8 に，分類結果とそれに対応する正解率，再現率，適合率，F1 値の計算例を示します．一方，データセットが均等でない例の例 2 では，ノーマルネットが 90 個，トロイネットが

		モデルの出力		
		Negative	Positive	
正解ラベル	通常の回路を構成する信号線 (Negative)	True Negative (TN) ＝40	False Positive (FP) ＝10	
	ハードウェアトロイを構成する信号線 (Positive)	False Negative (FN) ＝5	True Positive (TP) ＝45	Recall= 45/(5＋45) ＝0.900
		Accuracy ＝(TN＋TP)/(TN＋FP＋FN＋TP) ＝0.850	Precision ＝45/(10＋45) ＝0.818	F1-score ＝2RP/(R+P) ＝0.857

図 4.8　例 1（データセットが均等な場合）の分類結果

10個，計100個存在する場合を考えます．図4.9に，分類結果とそれに対応する正解率，再現率，適合率，F1値の計算例を示します．

評価指標を見ると，どちらの分類結果でも，FPが10，FNが5であるため，誤分類されたのは15個であり，正解率は0.850です．一見するとどちらも良い結果が得られているように見えますが，それぞれの再現率，適合率，F1値は異なります．

再現率を確認すると，例1では0.900と高い値であるのに対し，例2では0.500と低い値です．再現率は，FN，すなわちハードウェアトロイを構成する信号線の見逃しが少なければ，高い値になります．例2では再現率が低いため，見逃しの割合が大きいことになります．

適合率についても再現率と同様に，例1では0.818と高い値であるのに対し，例2では0.333と低い値です．適合率は，モデルが「ハードウェアトロイを構成する信号線」であると予測した信号線のうち，真にそうであるものの割合を指します．例2では0.5を下回っているため，Positiveと判定された信号線のうち半数以上は，実は通常の信号線という結果になります．再現率と適合率の調和平均であるF1値については，例1では0.857であるのに対し，例2では0.400です．例2では再現率と適合率がともに低い値であったため，その様子が反映された結果になっています．

以上から分かるように，正解率だけでは，例2に示すような不均衡なデータセットに対する分類結果を正しく評価できません．これは，正解率が数の多いクラスに対する分類結果の影響を強く受けるためです．極端な話では，例2ですべてのサンプルに対し「Negative（通常の回路を構成する信号線）」と判定する

		モデルの出力		
		Negative	Positive	
正解ラベル	通常の回路を構成する信号線（Negative）	True Negative (TN) ＝80	False Positive (FP) ＝10	
	ハードウェアトロイを構成する信号線（Positive）	False Negative (FN) ＝5	True Positive (TP) ＝5	Recall= 5/(5＋5) ＝0.500
		Accuracy ＝(TN＋TP)/(TN＋FP＋FN＋TP) ＝0.850	Precision ＝5/(10＋5) ＝0.333	F1-score ＝2RP/(R+P) ＝0.400

図4.9 例2（データセットが均等でない場合）の分類結果

と，正解率は0.900と計算されることもあり得ます．特に不均衡なデータセットに対しては，性能評価に関する誤った解釈を防ぐため，再現率やF1値を確認する必要があります．

なお，不均衡なデータセットの学習については，この後の節で解説します．

4.3.2 特徴量エンジニアリング

機械学習では，モデルに与える特徴量が，最終的な精度にも影響を与えます．イメージとして，AIにデータを与えればよしなに処理してくれると思われがちですが，そうではありません．

モデルに与える特徴量を正しく設計しないと，以下に示す悪い影響が現れます．

・ハードウェアトロイ検知に重要な特徴量が不足している
　→ 精度が頭打ちになり，十分な精度が得られない可能性があります．
・ハードウェアトロイ検知では不要な特徴量が含まれる
　→ 不要な特徴量を含めて計算するため，処理に時間がかかる可能性があります．また，特徴量が多くなると，次元の呪いと呼ばれる現象から，訓練データセットのサンプル数が多く必要になります．

この問題を解決するために導入するのが，**特徴量エンジニアリング**です．

特徴量エンジニアリングには，いくつかのアプローチがあります．ここでは，特徴選択と，不均衡なサンプルの取り扱いについて解説します．

特徴選択

特徴選択では，ハードウェアトロイ検知に有用な特徴量を選択します．第4.2節では，ハードウェアトロイの特徴に基づく検知手法として，Oyaらの手法［Oya et al., 2015］を紹介しました．また，この手法の問題点として，以下の2点を挙げました．

・ハードウェアトロイを検知するのに有効な特徴を探すために，人的コストがかかる
・ハードウェアトロイを検知するのに効果的な閾値を設定する必要がある

機械学習を導入することで，これらの問題点を解決できます．しかしながら，前述の通り特徴選択は重要な課題です．以下では，特徴選択の例を交えて，どのように特徴を選択するかを解説します．

■特徴選択の例 ここで，具体例を見ながら特徴量選択のポイントを確認します．表4.3は，文献［Hasegawa et al., 2017］に示される，ハードウェアトロイ検知で利用される実際のデータから引用した例です．信号線1から3はハードウェアトロイを構成する信号線（「トロイ」とラベルづけ），信号線4, 5は通常の回路を構成する信号線（「正常」とラベルづけ）です．簡単のため，各特徴量に閾値を1つ設定して，信号線1から5を「トロイ」か「正常」のいずれかにラベルづけするとします．以下では，特徴量1, 2, 3を，それぞれf_1, f_2, f_3と表します．

まず，特徴量1だけを用いて分類する例を考えます．特徴量1 (f_1)に対して閾値を20と設定し，$f_1 > 20$であればトロイ，そうでなければ正常と判定するとします．表4.4に，この場合の判定結果を示します．表4.4に示すように，信号線4がハードウェアトロイを構成する信号線として誤判定されてしまいます．閾値を40に変更し，$f_1 > 40$であればトロイ，そうでなければ正常と判定する場合はどうでしょうか．その場合，信号線2と信号線3が正常と誤判定されてしまい，ハードウェアトロイを構成する信号線を見逃してしまいます．このように，特徴量1だけを用いる場合では，すべての信号線を正しく分類できません．

次に，特徴量1と特徴量2を用いて分類する例を考えます．特徴量1 (f_1)に

表4.3 特徴選択の例．信号線1から信号線3までをトロイと識別するには，特徴量1と特徴量2を用いた「$f_1 > 20$ かつ $f_2 < 7$」の条件があれば十分です．

信号線	特徴量1 (f_1)	特徴量2 (f_2)	特徴量3 (f_3)	正常／トロイ
信号線1	59	2	4	トロイ
信号線2	24	6	29	トロイ
信号線3	28	3	1	トロイ
信号線4	36	8	2	正常
信号線5	7	6	38	正常

対しては閾値を20と設定し，特徴量2 (f_2) に対しては閾値を7と設定することで，$f_1 > 20$ かつ $f_2 < 7$ であればトロイ，そうでなければ正常と判定するとします．すると，信号線1から3はトロイ，信号線4と5は正常と判定されます．これで，すべての信号線が正しく分類されます．

続いて，特徴量1, 2, 3のすべてを用いて分類する例を考えます．例えば，特徴量3 (f_3) に対して閾値を10と設定し，特徴量1, 2に対する閾値と合わせて，$f_1 > 20$ かつ $f_2 < 7$ かつ $f_3 < 10$ であればトロイ，そうでなければ正常と判定するとします．表4.5に，この場合の判定結果を示します．すると，表4.5に示すように，信号線2は正常と誤判定されてしまいます．もちろん，特徴量3の閾

表4.4　特徴量1 (f_1) に対する条件（$f_1 > 20$）だけを用いて識別する例．下線は，各特徴量が条件を満たすことを表します．太字で示すように，信号線4は本来「正常」と判定すべきにも関わらず，「トロイ」と識別されます．

信号線	特徴量1 (f_1)	条件の判定	正常 / トロイ
信号線1	59	Yes（トロイ）	トロイ
信号線2	24	Yes（トロイ）	トロイ
信号線3	28	Yes（トロイ）	トロイ
信号線4	36	**Yes（トロイ）**	正常
信号線5	7	No（正常）	正常

表4.5　特徴量1, 2, 3（f_1, f_2, f_3）に対する条件（$f_1 > 20$ かつ $f_2 < 7$ かつ $f_3 < 10$）を用いて識別する例．下線は，各特徴量がそれに対応する条件を満たすことを表します．太字で示すように，信号線2は本来「トロイ」と判定すべきにも関わらず，「正常」と識別されます．

信号線	特徴量1 (f_1)	特徴量2 (f_2)	特徴量3 (f_3)	条件の判定	正常 / トロイ
信号線1	59	2	4	Yes（トロイ）	トロイ
信号線2	24	6	29	**No（正常）**	トロイ
信号線3	28	3	1	Yes（トロイ）	トロイ
信号線4	36	8	2	No（正常）	正常
信号線5	7	6	38	No（正常）	正常

値を30と設定し，「$f_1 > 20$ かつ $f_2 < 7$ かつ $f_3 < 30$」をトロイとみなすようにすれば，すべての信号線を正しくトロイと識別できます．しかし，ここに示されない新たな信号線を識別する場合に，正しく機能するかは分かりません．例えば，トロイとラベルづけされた信号線6があったとして，その特徴量が「特徴量1 = 30，特徴量2 = 4，特徴量3 = 40」であったとき，特徴量1, 2までを使えば正しく分類できますが，特徴量3も含めることで誤判定される可能性があります．このように必要以上に多くの特徴量があると，学習するデータに適合しすぎる「過適合」と呼ばれる状況に陥ってしまい，新たなサンプルを与えたときに誤判定を引き起こす可能性があります．

特徴量選択でポイントになるのは，最終的な判定に**重要な**特徴量を用いることです．つまり，重要な特徴量から順に，分類精度が高くなるように特徴量を用いる必要があります．

■特徴選択の流れ 図4.10に，特徴量選択の流れを示します．まず準備として，ハードウェアトロイ検知のための候補となる特徴の集合を用意します．候補となる特徴を用意するときには，**ドメイン知識**を活用します．ドメイン知識とは，対象となるタスクの領域における知識を指します．ハードウェアトロイ検知では，主に第3章に示す内容が，ドメイン知識になります．

次に手順1として，与えられた特徴の集合を用いて，モデルを訓練します．ここで利用するモデルは，決定木を利用する手法です．決定木を利用した学習で

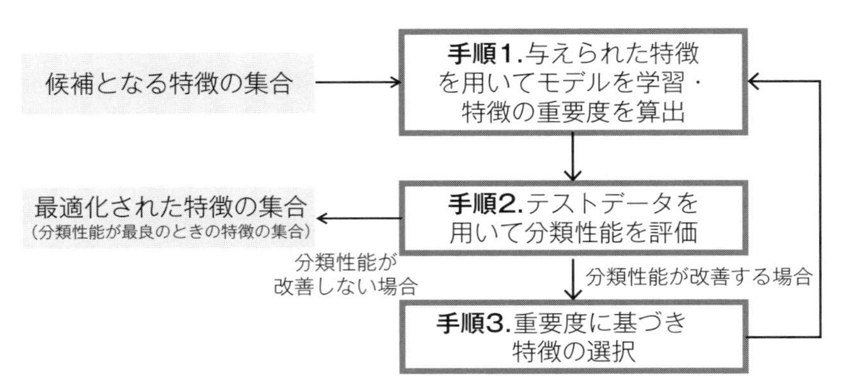

図4.10 特徴選択の流れ

は，学習に使用した特徴量のうち，どの特徴量が分類性能の向上に寄与したかを示す重要度を算出できます．ここで算出した重要度を，後述の特徴量選択で利用します．

続いて手順２として，テストデータを用いてモデルの分類性能を評価します．ハードウェアトロイ検知における分類性能の指標としては，見逃しが少ないことを示す再現率（Recall）や，再現率と適合率の調和平均を示すF1値が利用されます．２回目以降の手順２では，前回までに評価した分類性能と比較して，改善したかを確認します．もし分類性能が改善していたら，手順３に進みます．分類性能が改善していない場合は，分類性能が最良のときに使用した特徴の集合を，最適な特徴の集合として出力します．なお，分類性能は一時的に悪化したとしても，特徴の選択を進めていくと改善する場合もあります．そのため実際の特徴選択では，検知に利用する特徴の数が一定数より少なくなるまで繰り返し，その中で最良の分類性能を得たときの特徴を最適なものとして選択することがあります．

手順３では，手順１で得られた特徴の重要度に基づき，特徴を選択します．特徴を選択するシンプルな方法は，もっとも重要度が小さい特徴を削除する方法です．この方法では特徴の選択に時間がかかりますが，より最適な特徴を選択できます．別の方法として，重要度が小さいほうから複数個（例えば，特徴の全体数の半分）をまとめて削除する方法です．この方法では，特徴選択にかかる時間を短縮できますが，複数の特徴の間に見られる関係性を考慮できません．というのも，例えば２つの特徴の間に強い相関関係がある場合，決定木を用いて得られる特徴の重要度が小さく算出されることがあります．１つずつ特徴を削除する方法では，強い相関関係にある特徴についても片方だけを削除するため問題はありませんが，複数の特徴を同時に削除する方法では，強い相関関係にある特徴の双方を削除してしまいます．特徴選択にかかる時間と，複数の特徴の間の相関関係を考慮して，残すべき特徴を選択します．

手順３で選択した特徴を用いて，再び手順１によるモデルの学習と重要度の算出を行います．このように，手順１から手順３を繰り返すことで，特徴を最適化します．

不均衡なサンプルの扱い

ハードウェアトロイ検知モデルの学習では，不均衡なサンプルの扱いも重要な課題です．

ハードウェアトロイの学習において，各信号線に対して，ハードウェアトロイを構成する信号線かどうかを識別するモデルを考えます．このとき，訓練するデータセットでは，通常の回路を構成する信号線と，ハードウェアトロイを構成する信号線とを用意します．第3.2節で解説したように，ハードウェアトロイは小規模に構成されます．そのため，通常の回路を構成する信号線のサンプル数と比較して，ハードウェアトロイを構成する信号線のサンプル数は圧倒的に少なくなります．機械学習では，これに対する処理も必要です．

■サンプリング 教師あり学習では一般に，訓練データセット内の各クラスにおけるサンプル数は，均等であることが望ましいものです．そのため，圧倒的に数が異なるサンプルを学習する際には，工夫が必要になります．

サンプリングには，オーバーサンプリングとアンダーサンプリングの2つのアプローチがあります．**オーバーサンプリング**では，少数クラスに対して疑似的なデータを生成することで，多数クラスと同等のサンプル数にします．サンプル数が多くなることでモデルの訓練における計算コストがかかりますが，少数クラスのサンプルの分布を模倣して疑似データを生成することで各クラスの性質を損ねないデータセットを作成できます．**アンダーサンプリング**では，多数クラスに対してサンプルを間引くことで，少数クラスと同等のサンプル数にします．オーバーサンプルとは逆に計算コストを抑えることができますが，多数クラスからデータを間引くため，クラスの性質を損ねないようにする必要があります．

ここでは，比較的扱いやすいオーバーサンプリングに着目します．オーバーサンプリングでは，代表的な手法としてSMOTE［Chawla et al., 2002］があります．SMOTEは，以下の手順でデータを生成します．

1. 少数クラスの中からサンプルを1つ選択し，$\boldsymbol{x}_{\mathrm{org}}$とおきます．
2. $\boldsymbol{x}_{\mathrm{org}}$から$k$個の近傍サンプルに着目し，その中からランダムに1つ選択して$\boldsymbol{x}_{\mathrm{nn}}$とおきます．
3. 係数gを0から1の範囲でランダムに決定します．
4. 式(4.12)を用いて，新しいサンプル$\boldsymbol{x}_{\mathrm{new}}$を生成します．

$$\boldsymbol{x}_{\mathrm{new}} = \boldsymbol{x}_{\mathrm{org}} + g \times (\boldsymbol{x}_{\mathrm{nn}-\boldsymbol{x}_{\mathrm{org}}}) \tag{4.12}$$

4.3.3　ハードウェアトロイ検知への機械学習の応用

ここでは，機械学習と特徴量エンジニアリングをハードウェアトロイ検知へ応用します．文献［Hasegawa et al., 2017］では，Random Forest を用いた機械学習とハードウェアトロイ検知を用いた手法を提案しています．ハードウェアトロイ検知における，機械学習と特徴量エンジニアリングを検討した最初の論文で，これ以降に多数の関連研究が取り組まれています．

ハードウェアトロイ検知の目標には，(i) 与えられた設計情報の中にハードウェアトロイが含まれているかを判定することと，(ii) 与えられた設計情報の中でどの部分がハードウェアトロイを構成する信号線であるかを識別すること，があります．(i) のアプローチでは，もし設計にハードウェアトロイが検知された場合，その設計を捨てて最初からやり直すことになります．ハードウェアトロイが検知された設計は，全体がもはや信頼できないため，そのようなアプローチが考えられます．しかし，時間的・金銭的コストをかけて作られた設計を捨てるためには，詳細な根拠が求められます．機械学習を用いた検知において，100% の精度を得ることは現実的に不可能であるため，ハードウェアトロイが含まれているかだけの判定では不十分です．そこで，(ii) のアプローチを採ることで，ハードウェアトロイが含まれている箇所を特定できます．それにより，機械学習を用いた検知モデルの検知結果に対する根拠を得られるとともに，設計者は部分的に設計を修正するか，あるいは設計を最初からやり直すかのように，その後の行動を選択できます．その観点で，本書では (ii) を目標とします．

グラフによる回路の表現

第 4.2 節で紹介した Oya らの手法［Oya et al., 2015］では，9 種類の特徴を用いて，ハードウェアトロイらしさを判定していました．ハードウェアトロイ検知に機械学習を導入するため，まずは回路の特徴量を数値化します．

特徴量を抽出するため，ハードウェア設計情報を前処理します．第 2 章，第 3 章では，ハードウェア設計情報は Verilog HDL などのハードウェア記述言語で記述されることを示しました．ハードウェア記述言語のままでは解釈するのが難しいため，解析しやすい形式に変換します．ハードウェアの設計情報は，**グラフ**と呼ばれるデータ構造を用いて示すことができます．ここでいう「グラフ」は，棒グラフなどの図ではなく，データ構造の 1 つを指します．グラフ G は，頂点の集合 V と，2 つの頂点の間をつなぐ辺の集合 E から構成されます．頂点をプリミティブセル，辺を配線と対応づけることで，ハードウェア記述言語で記述された回路の設計情報を，グラフとして表現できます．

図 4.11 に，回路設計情報からグラフを抽出する流れを示します．

ハードウェアトロイを検知するための特徴

文献［Hasegawa et al., 2017］では，ハードウェアトロイを検知するための特徴量として，大きく分けて以下の 6 種類のカテゴリを挙げています．特徴量を算出するには，まずハードウェア記述言語で記述された設計から，回路のグラフを抽出します．そのグラフにおいて，ある信号線（ここでは n とおきます）に着目します．信号線 n から前後にグラフをたどり，それぞれのカテゴリに対して，具体的な特徴量を算出します．着目する信号線 n を別の信号線に変えていくことで，すべての信号線に対して特徴量を算出します．

- **特徴カテゴリ 1**：論理ゲートのファンイン数
- **特徴カテゴリ 2**：フリップフロップまでの段数
- **特徴カテゴリ 3**：マルチプレクサまでの段数
- **特徴カテゴリ 4**：回路内のループの数
- **特徴カテゴリ 5**：回路内の定数の数
- **特徴カテゴリ 6**：プライマリ入出力までの段数

これらの特徴量は，Oya らの手法［Oya et al., 2015, Oya et al., 2016］を参考に，ハードウェアトロイに関連すると考えられる特徴を列挙しています．なお，

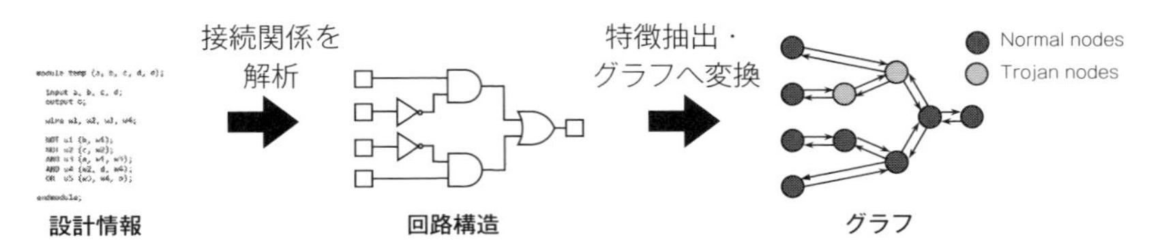

図 4.11　設計情報をグラフへ変換する流れ．まず，ハードウェア記述言語で記述された設計情報から，ゲートなどのプリミティブセルやその間で接続される配線の情報を解析します．次に，その解析の結果を元に回路構造を抽出します．そして，プリミティブセルを頂点，配線を辺と置き換えることで，グラフ構造を構成します．

Oyaらの手法ではCポイントのCase 4として加算器に関する特徴が含まれますが，加算器は組合せ回路で構成されている点で複雑な論理ゲートとみなすことができるため，ここでは特徴カテゴリ1に含めるものとして考えます．以下では，特徴量を算出するときに着目する信号線を n として，それぞれの特徴カテゴリを解説します．

■特徴カテゴリ1：論理ゲートのファンイン数　ハードウェアトロイを構成する回路の中で，もっとも特徴的であるといえるのが，トリガ回路です．複雑な条件を構成するため，トリガ回路では複数の信号線から入力を受け取り，1つのトリガ信号を出力します．そのため，トリガ信号から見たときに，入力方向にたどると多数の信号線から入力を受け取るものと考えられます．そこで，各信号線に着目したときに，1段手前のファンイン数，2段手前のファンイン数，…というように，数段手前までの各ファンイン数を確認します．ハードウェアトロイを構成する回路では，このファンイン数が大きくなるものと考えられます．Oyaらの手法では，Cポイントに関するCase 1, Case 2や，Lポイントに関するLocation Case 6の特徴に該当します（詳細は第4.2節表4.1や表4.2を参照してください）．

なお，こうしたファンイン数は，同じ条件式であっても回路で利用される素子の種類や構造によって変わることに注意が必要です．例えば，4つの信号線から入力を受け取り，その論理積を取った値をトリガ信号とする場合を考えます．もしセルライブラリに4入力ANDゲートが用意されていれば，1段手前のファンイン数は4になります．一方，2入力ANDゲート3つを直列につなげば，トリガ回路は3段手前のファンイン数が4になります．このように，同じ条件を構成する場合でも回路の構成が異なることがあります．このような構成の変更は，ハードウェア記述言語から回路を論理合成する際に，オプションの指定のしかたによって生じることがあります．そのため回路の構成が変わることによって，特徴量も変わる点にも注意が必要です．なお，ハードウェアトロイを構成する回路は大規模にすると発見されやすいため，あまり規模は大きくなりません．研究で使われるベンチマーク回路［Salmani et al., 2013］［Shakya et al., 2017］を参考に，ここでは5段手前までを参照します．

以上より，特徴カテゴリ1では以下の5つの値を特徴量とします．

// 特徴カテゴリ1の特徴

特徴1-1 信号線 n から1段手前に接続される論理ゲートの数
特徴1-2 信号線 n から2段手前に接続される論理ゲートの数
特徴1-3 信号線 n から3段手前に接続される論理ゲートの数
特徴1-4 信号線 n から4段手前に接続される論理ゲートの数
特徴1-5 信号線 n から5段手前に接続される論理ゲートの数

■特徴カテゴリ2：フリップフロップの段数 トリガ回路のうち，順序回路を用いて構成させるものでは，フリップフロップが利用されます．そのため，信号線の周辺にフリップフロップが利用される場合は，順序回路を用いたハードウェアトロイのトリガ回路である可能性があります．Oyaらの手法では，Cポイントに関するCase 5, Case 6や，Lポイントに関するLocation Case 1, Location Case 2の特徴に該当します（詳細は第4.2節表4.1や表4.2を参照してください）．

フリップフロップについては，2通りの特徴量を考えます．1つ目は論理ゲートのファンイン数と同様に，信号線 n から見て入力側と出力側それぞれから数段までの間に存在するフリップフロップの数です．これにより，前述の通り同様のトリガ条件であっても回路構成が変わる場合にも対応します．

2つ目は，信号線 n から見て入力側と出力側それぞれで，直近のフリップフロップまでの段数です．もし信号線が順序回路を利用したトリガ回路の一部であれば，直近のフリップフロップまでの段数も近くなるはずです．以上より，特徴カテゴリ2では以下の12個の値を特徴量とします．

// 特徴カテゴリ2の特徴

特徴2-1 信号線 n から入力側の1段手前に接続されるフリップフロップの数
特徴2-2 信号線 n から入力側の2段手前に接続されるフリップフロップの数
特徴2-3 信号線 n から入力側の3段手前に接続されるフリップフロップの数
特徴2-4 信号線 n から入力側の4段手前に接続されるフリップフロップの数
特徴2-5 信号線 n から入力側の5段手前に接続されるフリップフロップの数
特徴2-6 信号線 n から出力側の1段後ろに接続されるフリップフロップの数
特徴2-7 信号線 n から出力側の2段後ろに接続されるフリップフロップの数
特徴2-8 信号線 n から出力側の3段後ろに接続されるフリップフロップの数

特徴 2-9　信号線 n から出力側の 4 段後ろに接続されるフリップフロップの数
特徴 2-10　信号線 n から出力側の 5 段後ろに接続されるフリップフロップの数
特徴 2-11　信号線 n の入力側からもっとも近いフリップフロップまでの段数
特徴 2-12　信号線 n の出力側からもっとも近いフリップフロップまでの段数

■特徴カテゴリ 3：マルチプレクサの段数　ペイロード回路で元の回路の値を書き換える場合に，マルチプレクサが利用されます．そのため，信号線の周辺にマルチプレクサが利用される場合は，ハードウェアトロイのペイロード回路である可能性があります．Oya らの手法では，C ポイントに関する Case 3 の特徴に該当します（詳細は第 4.2 節表 4.1 を参照してください）．

マルチプレクサについても，フリップフロップと同様に 2 通りの特徴量を考えます．1 つ目は，信号線 n から見て入力側と出力側それぞれから数段までの間に存在するマルチプレクサの数です．2 つ目は，信号線 n から見て入力側と出力側それぞれで，直近のマルチプレクサまでの段数です．

以上より，特徴カテゴリ 3 では以下の 12 個の値を特徴量とします．

// 特徴カテゴリ 3 の特徴

特徴 3-1　信号線 n から入力側の 1 段手前に接続されるマルチプレクサの数
特徴 3-2　信号線 n から入力側の 2 段手前に接続されるマルチプレクサの数
特徴 3-3　信号線 n から入力側の 3 段手前に接続されるマルチプレクサの数
特徴 3-4　信号線 n から入力側の 4 段手前に接続されるマルチプレクサの数
特徴 3-5　信号線 n から入力側の 5 段手前に接続されるマルチプレクサの数
特徴 3-6　信号線 n から出力側の 1 段後ろに接続されるマルチプレクサの数
特徴 3-7　信号線 n から出力側の 2 段後ろに接続されるマルチプレクサの数
特徴 3-8　信号線 n から出力側の 3 段後ろに接続されるマルチプレクサの数
特徴 3-9　信号線 n から出力側の 4 段後ろに接続されるマルチプレクサの数
特徴 3-10　信号線 n から出力側の 5 段後ろに接続されるマルチプレクサの数
特徴 3-11　信号線 n の入力側からもっとも近いマルチプレクサまでの段数
特徴 3-12　信号線 n の出力側からもっとも近いマルチプレクサまでの段数

■特徴カテゴリ 4：回路内のループの段数　ハードウェアトロイのトリガ回路には，順序回路が利用されることがあります．このとき，フリップフロップの出力はフィードバックとして入力に与えられるため，回路としてはループを構成することがあります．例えば，信号線 n から見て出力側に接続されるゲート A について，出力方向にグラフをたどったときに，m 段目に再びゲート A に到達したとき，m 段のループと定義します．

図 4.12 に，具体的な例を示します．図 4.12 の中で，太線で示した信号線 n に着目します．信号線 n の上側には，1 段目にゲート A が接続されています．一方，下側には 1 段目にマルチプレクサ，2 段目にフリップフロップが接続されています．2 段目のフリップフロップの次をたどると，3 段目にゲート A が現れます．この時点で，上側をたどっていたときに見つけたゲート A に再び到達するため，3 段のループが 1 つあるものとして数えます．これを用いて，特徴カテゴリ 4 では以下の 10 個の値を特徴量とします．

// 特徴カテゴリ 4 の特徴

特徴 4-1　信号線 n の入力側から 1 段で構成されるループの数

特徴 4-2　信号線 n の入力側から 2 段で構成されるループの数

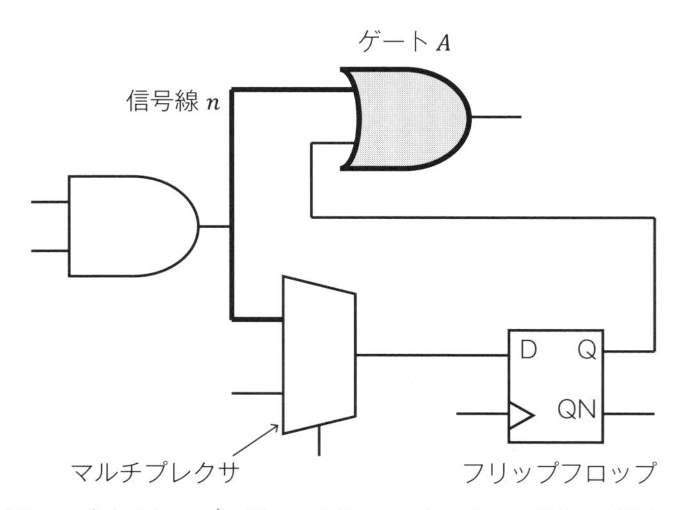

図 4.12　回路内のループの例．信号線 n から見て，上側をたどると 1 段目でゲート A に到達します．また，下側をたどると，マルチプレクサ→フリップフロップ→ゲート A と，3 段目でゲート A に到達します．3 段目で，別の経路から同じゲートに到達することが分かるため，この場合は 3 段のループと考えます．

特徴 4-3　信号線 n の入力側から 3 段で構成されるループの数
特徴 4-4　信号線 n の入力側から 4 段で構成されるループの数
特徴 4-5　信号線 n の入力側から 5 段で構成されるループの数
特徴 4-6　信号線 n の出力側から 1 段で構成されるループの数
特徴 4-7　信号線 n の出力側から 2 段で構成されるループの数
特徴 4-8　信号線 n の出力側から 3 段で構成されるループの数
特徴 4-9　信号線 n の出力側から 4 段で構成されるループの数
特徴 4-10　信号線 n の出力側から 5 段で構成されるループの数

■特徴カテゴリ 5：回路内の定数の段数　Oya らの手法では，C ポイントに関する Case 6（詳細は第 4.2 節表 4.1 を参照してください）で，フリップフロップの入力が定数（0 または 1 に固定される状態）に設定されることが，ハードウェアトロイを構成する回路の特徴であることが指摘されています．

これを用いて，特徴カテゴリ 5 では以下の 10 個の値を特徴量とします．

// 特徴カテゴリ 5 の特徴

特徴 5-1　信号線 n から入力側の 1 段手前に接続される定数の数
特徴 5-2　信号線 n から入力側の 2 段手前に接続される定数の数
特徴 5-3　信号線 n から入力側の 3 段手前に接続される定数の数
特徴 5-4　信号線 n から入力側の 4 段手前に接続される定数の数
特徴 5-5　信号線 n から入力側の 5 段手前に接続される定数の数
特徴 5-6　信号線 n から出力側の 1 段後ろに接続される定数の数
特徴 5-7　信号線 n から出力側の 2 段後ろに接続される定数の数
特徴 5-8　信号線 n から出力側の 3 段後ろに接続される定数の数
特徴 5-9　信号線 n から出力側の 4 段後ろに接続される定数の数
特徴 5-10　信号線 n から出力側の 5 段後ろに接続される定数の数

■特徴カテゴリ 6：プライマリ入出力までの段数　回路のプライマリ入力は，ハードウェアトロイのトリガ条件の 1 つとして利用されることがあります．例えば，データとして入力される信号の一部をトリガ条件に設定する場合や，テスト有効信号をトリガ条件に設定する場合があります．そのため，ハードウェアトロイを構成する信号線の近くには，プライマリ入力が接続されることがあります．

また，回路のプライマリ出力は，ハードウェアトロイが内部信号の流出に用いたり，機能停止や機能改変として影響を及ぼすことがあります．そのため，ハードウェアトロイのペイロード回路の近くにプライマリ出力が接続されることがあります．

Oyaらの手法では，Cポイントに関するCase 8, Case 9や，Lポイントに関するLocation Case 5の特徴に該当します（詳細は第4.2節表4.1や表4.2を参照してください）．

以上より，特徴カテゴリ6では以下の2つの値を特徴量とします．

// 特徴カテゴリ6の特徴

特徴6-1　信号線 n の入力側からもっとも近いプライマリ入力までの段数

特徴6-2　信号線 n の出力側からもっとも近いプライマリ出力までの段数

■ハードウェアトロイを検知するための特徴量　以上の議論より，ハードウェアトロイを検知するための特徴は表4.6にまとめられます．全部で51種類の特徴量が挙げられます．

ハードウェアトロイ検知に向けた特徴量の選択

ここまでで，ハードウェアトロイ検知のための特徴を列挙しました．これらを実際にハードウェアトロイ検知に用いるためには，どの特徴量がどの程度ハードウェアトロイ検知に寄与するかを検証し，検知に使用する特徴量を選択する必要があります．

そこで，ここでは決定木ベースの手法で得られる，特徴量の重要度を用います．決定木ベースの手法では，特徴量に対する重要度を算出できます．この値を参考に，検知に使用する特徴量を選択します．

特徴量を選択する流れは，前述の通り，図4.10に示す通りです．まずは51種類の特徴を与えて，モデルを学習するとともに各特徴の重要度を算出します．その重要度を元に特徴を選択し，新しい特徴の集合を作成します．この操作を，分類性能が低下しないところまで繰り返します．評価指標で示したように，ハードウェアトロイの訓練データセットは不均衡であるため，F1値を見て特徴を選択します．表4.7に，文献［Hasegawa et al., 2017］で最終的に選択された，11種類の特徴を示します．

表 4.6 ハードウェアトロイに見られる特徴の整理

番号	特徴
1–5	信号線 n の入力側 x 段手前に接続される論理ゲートの数
6–10	信号線 n の入力側 x 段手前に接続されるフリップフロップの数
11–15	信号線 n の出力側 x 段後ろに接続されるフリップフロップの数
16–20	信号線 n の入力側 x 段手前に接続されるマルチプレクサの数
21–25	信号線 n の出力側 x 段後ろに接続されるマルチプレクサの数
26–30	信号線 n の入力側から x 段それぞれでループを構成する数
31–35	信号線 n の出力側から x 段それぞれでループを構成する数
36–40	信号線 n の入力側 x 段手前に接続される定数の数
41–45	信号線 n の出力側 x 段後ろに接続される定数の数
46	信号線 n からもっとも近いプライマリ入力の段数
47	信号線 n からもっとも近いプライマリ出力の段数
48	信号線 n の入力側からもっとも近いフリップフロップの段数
49	信号線 n の出力側からもっとも近いフリップフロップの段数
50	信号線 n の入力側からもっとも近いマルチプレクサの段数
51	信号線 n の出力側からもっとも近いマルチプレクサの段数

* x: $1 \leq x \leq 5$ の値を表します．

ここで得られた特徴量を用いて，ハードウェアトロイを検知します．学習に使うモデルとしては，文献［Hasegawa et al., 2017］では Random Forest を用いています．ハードウェアトロイが挿入されたベンチマーク回路を用いて評価した結果，平均の F1 値として 0.746 という結果を得ています．この手法が提案されて以降も，機械学習を用いたハードウェアトロイ検知手法として，さらに検知性能を向上させる手法が提案されています．

機械学習を用いたハードウェアトロイ検知の発展

学術分野では，機械学習を用いたハードウェアトロイ検知技術の研究が進められています．

表 4.7　特徴選択で選択された特徴

番号	特徴
1	信号線 n の入力側4段手前に接続される論理ゲートの数
2	信号線 n の入力側5段手前に接続される論理ゲートの数
3	信号線 n の入力側4段手前に接続されるフリップフロップの数
4	信号線 n の出力側3段後ろに接続されるフリップフロップの数
5	信号線 n の出力側4段後ろに接続されるフリップフロップの数
6	信号線 n の入力側から4段でループを構成する数
7	信号線 n の出力側から5段でループを構成する数
8	信号線 n からもっとも近いプライマリ入力の段数
9	信号線 n からもっとも近いプライマリ出力の段数
10	信号線 n の出力側からもっとも近いフリップフロップの段数
11	信号線 n の出力側からもっとも近いマルチプレクサの段数

Kuriharaらの手法［Kurihara and Togawa, 2021］では，上記の51種類の特徴に加えて，さらに25種類の構造的特徴量を提案しています．追加された25種類の特徴量では，信号線に対する入力側方向のファンイン数や出力側のファンアウト数だけでなく，入力側にx段たどり，さらに出力側に y 段たどったときの，合計の信号線数を確認します．

Hoqueらの手法［Hoque et al., 2018］では，ハードウェアトロイの構造的な特徴だけでなく，可制御性の指標を特徴に加える手法を提案しています．また，Kokらの手法［Kok et al., 2019］では，可制御性と可観測性に基づき，機械学習を用いてハードウェアトロイを検知する手法を提案しています．このように，可制御性や可観測性を用いた手法も，ハードウェアトロイ検知に有効であることが示されています．

そのほかにも2017年以降，機械学習を用いたハードウェアトロイ検知手法が提案されています．2017年以降の数年間で提案された手法は，文献［Huang et al., 2020］や文献［Gubbi et al., 2023］でまとめられているので，参考になります．

4.4 グラフ学習の応用

第 4.3 節では，ハードウェアトロイの知識（ドメイン知識）を前提としてハードウェア設計情報から特徴量を抽出し，特徴量選択により使用する特徴量を選択していました．しかしながら，このアプローチでも以下の問題があります．

- ハードウェア設計情報から抽出した特徴量以外の特徴を考慮できない．すなわち，仮にドメイン知識として知られていないが検知に有用な特徴量があったとしても，それを学習できない
- 特徴量が明示的である場合，それを回避するハードウェアトロイが作成される可能性がある

近年では，**グラフニューラルネットワーク**（GNN）を用いたハードウェアトロイ検知手法が提案されています［Yasaei et al., 2022, Hasegawa et al., 2023b］．GNN は，グラフ構造を学習するためのニューラルネットワークです．GNN を利用することで，訓練データセットとして与えたグラフの特徴を自動的に学習できます．そのため，上記に示す問題の解決が期待されます．

GNN の仕組み

GNN を用いてグラフ構造の特徴を学習する仕組みを，簡単に解説します．GNN に与えるグラフ G は，頂点の集合 V と，辺の集合 E から構成されます．頂点の集合 V に含まれる i 番目の頂点を $v_i(\in V)$ とおくとき，この頂点に特徴量としてベクトル $\boldsymbol{x}_{v_i}$ を割り当てるものとします．ここで割り当てる特徴量の決め方は後述します．

図 4.13 に，グラフ畳み込み層を用いた処理の様子を示します．まず，図の左側に示すように，入力するグラフの中で 1 つの頂点に着目します．図の右側では，点線内がグラフ畳み込み層の処理を示します．1 つ目の処理（AGG）は，集約関数です．図の左側で着目した頂点から，隣接する頂点の特徴を集約します．集約の操作としては，隣接する頂点に割り当てられた特徴ベクトルの総和をとる操作です．2 つ目の処理（CMB）は，結合関数です．図の左側で着目した頂点自身の特徴ベクトルを，集約したベクトルに畳み込む操作です．最後に，2 つ目の処理で出力されたベクトルを，自分自身の頂点の新しい特徴ベクトルとして更新しま

す．

図 4.13 に示す処理を，数式で整理します．グラフ畳み込み層の入力側から l 番目の層について，関数$\mathsf{AGG}^{(l)}$は集約関数，関数$\mathsf{CMB}^{(l)}$は結合関数を表すとします．頂点 v に注目するとき，集約関数と結合関数は以下のように計算します．

$$\boldsymbol{m}_v^{(l)} = \mathsf{AGG}^{(l)}(\{\boldsymbol{h}_u^{(l-1)} : \forall u \in \mathcal{N}(v)\}) \tag{4.13}$$

$$\boldsymbol{h}_v^{(l)} = \mathsf{CMB}^{(l)}(\boldsymbol{h}_v^{(l-1)}, \boldsymbol{m}_v^{(l)}) \tag{4.14}$$

ただし，$\mathcal{N}(v)$は，頂点 v に隣接する頂点の集合を表します．$\boldsymbol{h}_v^{(l)}$ は，頂点 v の第 l 層目における特徴ベクトルを表し，初期値として$\boldsymbol{h}_v^{(0)} = \boldsymbol{x}_v$を割り当てます．

なお，関数$\mathsf{AGG}^{(l)}$や，関数$\mathsf{CMB}^{(l)}$の具体的な実装は，GNN のモデルによって異なります．GNN のモデルとしては，Graph Attention Network（GAT）［Veličković et al., 2018］ や，Graph Isomorphism Network（GIN）［Wang and Zhang, 2022］などが挙げられます．文献［Hasegawa et al., 2023b］では，GAT モデルが利用されています．

図 4.14 に，GNN を用いたハードウェアトロイ検知の様子を示します．図 4.14 の中で「グラフ畳み込み層」として示した各点線の枠は，図 4.13 の処理を表します．グラフ畳み込み層を 1 層処理することで，1 つ隣接する頂点を集約することから，複数の層を重ねることで，重ねた数の同数のホップ数分隣接する頂点を集約したことになります．その結果得られた特徴ベクトルに基づき，通常の

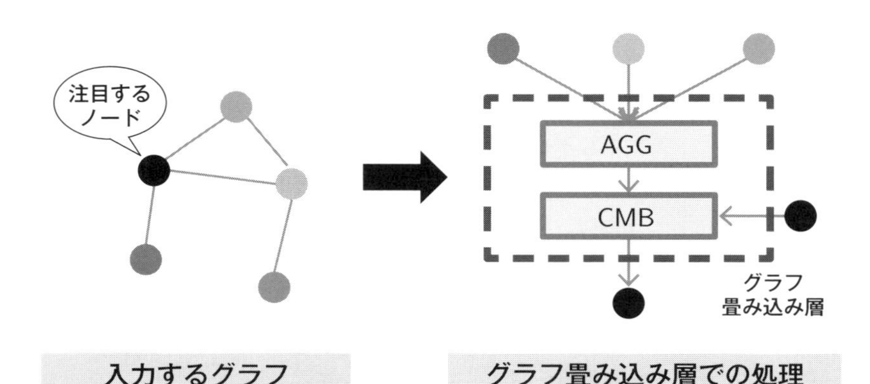

図 4.13　GNN のグラフ畳み込み層における処理

深層学習モデルで処理することで，ハードウェアトロイを構成する頂点かどうかの分類結果を取得します．

図 4.14 に示す処理を，数式で整理します．ここでは，GNN が L 層のグラフ畳み込み層を持つとします．式 (4.13)，式 (4.14) について，$l=1$ から $l=L$ まで順に処理することで，すべての頂点 $\forall v \in V$ に対する $\boldsymbol{h}_v^{(L)}$ を取得します．ハードウェアトロイの検知結果を表すモデル（図 4.14 における「深層学習」部分）を f とおけば，$f\left(\boldsymbol{h}_v^{(L)}\right)$ を計算することで，頂点 v に対する検知結果を取得できます．

GNN で学習するための特徴量の設計

前述の通り，GNN を用いることで，特徴ベクトルを割り当てたグラフ構造をそのまま学習できます．ハードウェア記述言語から抽出した，回路を表現するグラフをそのまま学習するだけでは，数少ないハードウェアトロイのサンプルから効果的に検知モデルを構築できません．第 4.3 節でも解説したように，十分な数の特徴量が最初に与えられなければ，たとえ GNN が自動的に学習できたとして

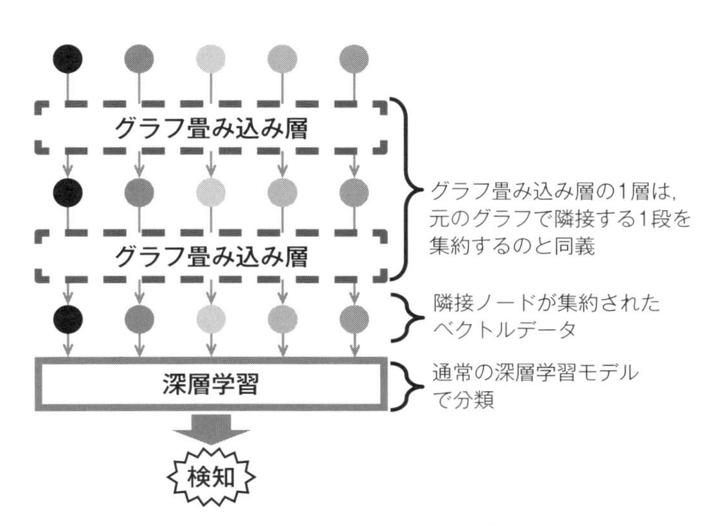

図 4.14　GNN を用いた検知．図 4.13 に示す，グラフ畳み込み層を複数層重ねて，隣接する頂点の特徴を畳み込みます．その結果を深層学習モデルに入力し，各頂点がハードウェアトロイを構成するものかを識別することで，ハードウェアトロイを検知します．

表 4.8 GNN で考慮する特徴

カテゴリ	特徴
①次数	頂点の入力側，出力側それぞれに接続される頂点の数
②隣接頂点	隣接する頂点の種類
③相対的な位置	プライマリ入力やプライマリ出力などの特定の頂点からの相対的な位置関係
④周辺構造	周辺の頂点の構造
⑤機能的振舞い	信号がどのように変化するかの様子

も，十分な検知性能を得ることができません．

そこで，GNN で学習するための特徴量を設計します．表 4.8 に，GNN で考慮する特徴を示します．参考になるのは，第 4.3 節の表 4.6 に示す，51 種類の特徴量です．これらは，既存のハードウェアトロイに見られる特徴に基づき，抽出されています[22]．

カテゴリ①の次数は，論理ゲートのファンイン数と関係します．これまでも議論してきたように，ハードウェアトロイにおけるトリガ回路は，複数の入力の値に基づいて 1 つのトリガ信号を出力することから，特徴的な構造を持ちます．しかし，Oya らの手法における C ポイントに関する Case 1, Case 2 の構造や，第 4.3 節で述べた 1 段から 5 段手前のファンイン数などの特徴は，具体的な閾値を決めているため，今後現れる新たなハードウェアトロイに対応できるかが分かりません．そこで，ファンイン数より広い概念であるグラフの次数を，特徴として取り込みます．これを GNN が学習することで，次数に関する特徴を訓練データセットの中から自動的に学習します．

カテゴリ②の隣接頂点は，Oya らの手法における C ポイントに関する Case 3, Case 4, Case 5, Case 6, Case 7 に関連します．周辺に存在する頂点の種類，すなわちプリミティブセルの種類は，順序回路を用いたトリガ回路や，マルチプレクサを用いたペイロード回路などを判定するためのヒントになります．しかし，これらの条件に閾値を設定するのは困難です．そこで，GNN を用いて特徴をモ

[22] ここで抽出する特徴量は，ハードウェアトロイを検知するために用いる特徴量ではなく，より広い意味においてハードウェアトロイを実装すれば必ず特徴として現れるものを抽出します．

デルに学習させます．

カテゴリ③の相対的な位置は，Oya らの手法における C ポイントに関する Case 8, Case 9 に関連します．文献［Hasegawa et al., 2023b］では，プライマリ入力とプライマリ出力それぞれからの最短距離を，特徴ベクトルに埋め込みます．式（4.13），式（4.14）に示す通り，グラフ畳み込み層では直接隣接した頂点の特徴ベクトルを集約するため，グラフ畳み込み層を L 層重ねた場合には，元のグラフで L ホップ離れた頂点までしか考慮できません．そこで，ハードウェアトロイ検知に重要と考えられる，プライマリ入力やプライマリ出力までの段数を特徴ベクトルに含めることで，GNN を用いてそれらの特徴を考慮することを可能にします．

カテゴリ④の周辺構造は，Kurihara らの手法［Kurihara and Togawa, 2021］で提案されている特徴を考慮します．具体的には，グラフの向きと，周辺に接続される頂点を考慮します．ここで，図 4.15 に，GNN を用いて周辺構造を処理する様子を示します．いま，図 4.15 に示す「対象のゲート」を起点として，処理を開始するとします．回路には信号の伝達方向があるため，図中Ⓒで示す「信号の伝達方向」を考慮します．信号の伝達方向を考慮する方法としては，辺に向きの情報を持たせたグラフである「有向グラフ」がありますが，有効グラフを使

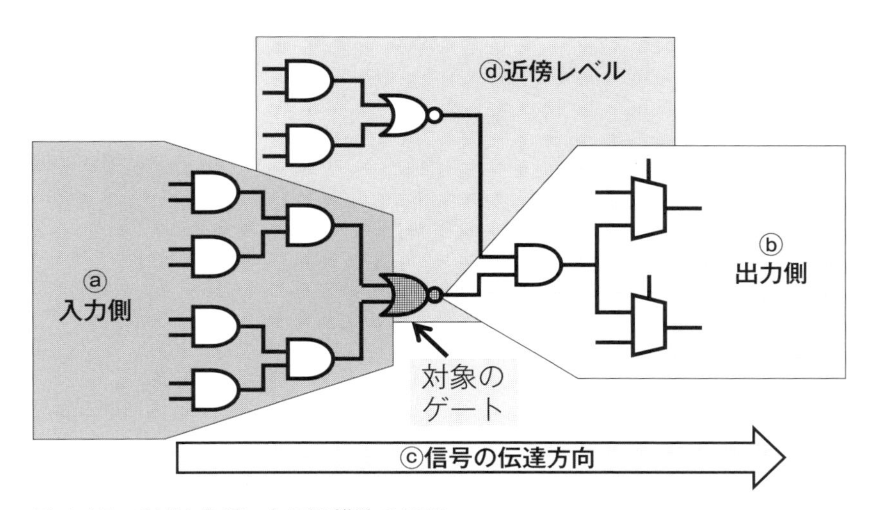

図 4.15　GNN を用いた周辺構造の処理

うとⓐ入力側とⓑ出力側の方向にしかたどれないため，ⓓ近傍レベルの情報を見ることができません．そこで，無向グラフを構成し，辺に向きの情報を持たせた属性ベクトルを割り当てることで，図中に示すⓐからⓓのすべてを考慮するグラフを作成します．

カテゴリ⑤の機能振舞いは，Kok らの手法［Kok et al., 2019］でも利用される，可制御性と可観測性に関する指標です．カテゴリ①から④までの特徴は，ハードウェア設計情報から分かる構造的な特徴に基づくものでした．ところが，構造的な特徴だけを見て判断したとしても，そのことだけでトリガ機能として動作するかを断定するのは難しいものです．より具体的には，トリガ条件として「稀な条件が満たされた場合にだけ変化が生じる」かどうかを，直接的に判断しているわけではありません．もちろん，例えば「AND ゲートが複数個連なった回路がトリガ回路になりやすい」ということは，訓練データセットから学習できる可能性もあります．しかし，そのためには十分な数のサンプルが必要になります．十分な数のハードウェアトロイのサンプルを集めることを考えると，現実的には難しいといえます．そこで，可制御性と可観測性に代わる指標として，各素子における 0 または 1 を出力する確率を特徴として割り当てます．これにより，周辺のゲートの情報を集約したときに，対象のゲートにおいてどの程度信号が変化しやすいかを考慮できます．詳細な証明については，文献［Hasegawa et al., 2023b］を参照してください．

以上のように，カテゴリ①から⑤の特徴に基づき，GNN で学習することで，訓練データセットの中に含まれるハードウェアトロイの特徴をモデルが自動的に識別し，性能の良い検知モデルが構成できると期待できます．実際，近年では文献［Yasaei et al., 2022］や［Hasegawa et al., 2023b］に示される手法で，高い分類性能を得られることが報告されています．

第5章 ハードウェアトロイ検知の実用化

ここではハードウェアトロイ検知ツールであるHTfinder（東芝情報システム）について，開発の経緯や背景，ハードウェアトロイのベンチマーク回路が掲載されているTrust-HUB[23]に登録されている回路を参考に具体的な解析の例を示します．また，HTfinderの開発で検討してきた課題および，今後の展望についても触れます．なお，HTfinderでは第4.2.1項の構造的特徴に基づく方法で記載されたCポイント，Sポイント，Lポイントの各ポイントとハードウェアトロイ判定のための閾値の調整について早稲田大学と共同研究をしていますが，ここでは本書第4.2.1項に示す各論文で報告されている値を使って説明します．

5.1 HTfinderの開発

最近では，高機能化したIoTデバイスが開発されるようになり，様々な機能を持ったデバイスが身近に存在するようになり，自動車の自動運転技術や工場インフラやなどのシステムにおいてもLSIが担う役割は非常に大きなものになっています．このような社会において，LSIに組み込まれたハードウェアトロイの脅威は見過ごすことはできません．またLSIに組み込まれてしまったハードウェアトロイは，ソフトウェアに組み込まれたウィルスなどと異なり簡単に隔離や駆除ができないことから，出荷されたものに対するチェックよりも設計段階でのセキュリティチェックが重要と考えられます．しかしLSIの設計現場では機能や性能を追求するため，セキュリティチェックにかける十分な手間やスケジュールを割く余裕がありません．そのような状況で，第4章の動的検知手法で示された，トリガ条件が設定されたハードウェアトロイの動作を検知することは現実的に困

[23] https://trust-hub.org/ 参照［Salmani et al., 2013, Shakya et al., 2017］.

難ということは，設計現場の認識としても，ほぼ不可能と考えられました．そこで，できるだけ手間や時間をかけずに検知できる手法を使って設計した回路がチップになる前にハードウェアトロイが混入していないかをチェックするべきだと考え，設計者の負担が少なく，かつ回路シミュレーションを使わないで済むという構造的特徴に基づく方法に着目し，そのアルゴリズムを実装したHTfinderを開発しました．そして東芝情報システムでは2020年にHTfinderを使ったハードウェアトロイ検知サービスを開始しました．

5.1.1 検知方法の例

Trust-HUBでは登録されているハードウェアトロイは，チップレベルのハードウェアトロイとボードレベルのハードウェアトロイが紹介されており，今回検知を対象としている回路はチップレベルのハードウェアトロイの中のゲートレベル記述のネットリストを参考にHTfinderの実行内容を順に説明します．

Trust-HUBにはハードウェアトロイの組み込まれたWB_CONMAX-T100というという回路があります（図5.1）[24] この回路はWISHBONE CONMAXというバスコントロールの回路にハードウェアトロイが組み込まれたものです．WISHBONE CONMAXについて簡単に説明すると，マスタ側のインターフェース8個，スレーブ側のインターフェース15個のバスを制御するIPで，CPUなどのCOREとRAMなどのメモリ，USBで接続されたデバイス等の信号を制御する機能を持っている回路です．ここに組み込まれたハードウェアトロイは，このバス制御回路の内部信号を使ってごく稀に発生する特定の条件で，マスタ信号の一部を書き換えた不正な信号をスレーブに送信するようになっています．このWB_CONMAX-T100の回路を例に，HTfinderを使ったハードウェアトロイ検知の手順について説明します（図5.2）．

まず，はじめにHTfinderの実行準備として論理合成で使用されるセルライブラリに含まれるプリミティブセルに対して，それぞれの機能をカテゴリ分けします．ASIC設計で使用するセルライブラリでは，通常200種類を超えるプリミティブセルが用意されています．ここで定義するカテゴリについては第4.2.1項の

[24] Trust-HUBで公開されているベンチマーク回路（https://trust-hub.org/#/benchmarks/chip-level-trojan）より入手できます．画面左側の「Chip-level Trojan Taxonomy」と表示されているメニュー内，一番上の「Hardware Trojans」を選択すると，画面右側に収録されたハードウェアトロイのベンチマーク回路が表示されます．この中に，「WB_CONMAX-T100」の回路も含まれます．

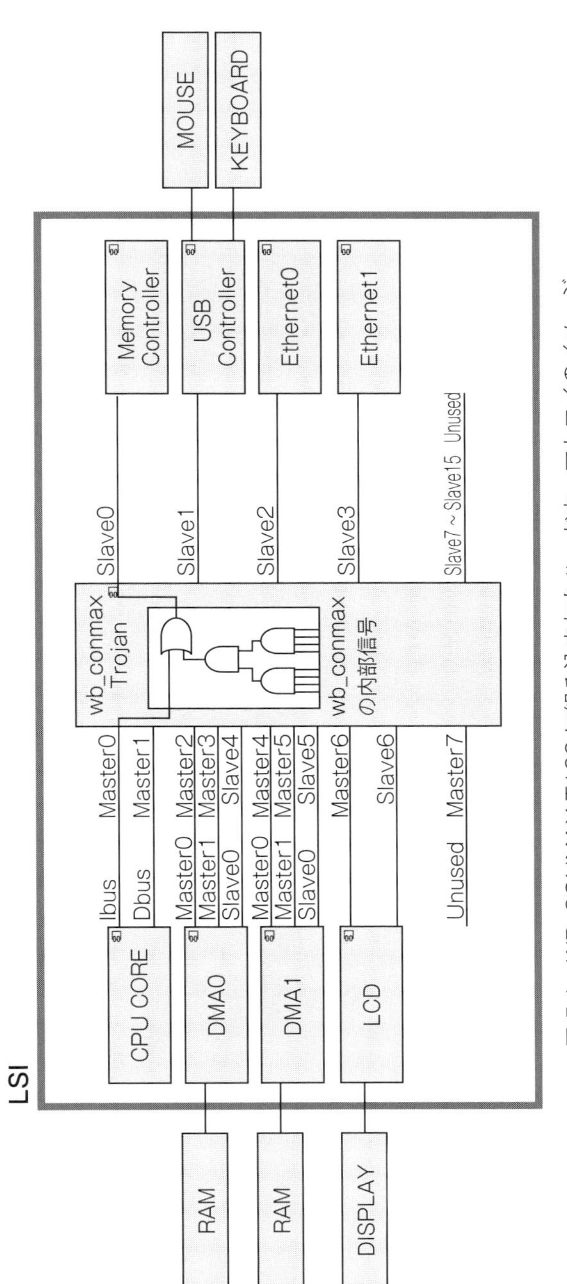

図 5.1 WB_CONMAX-T100 に組み込まれたハードウェアトロイのイメージ

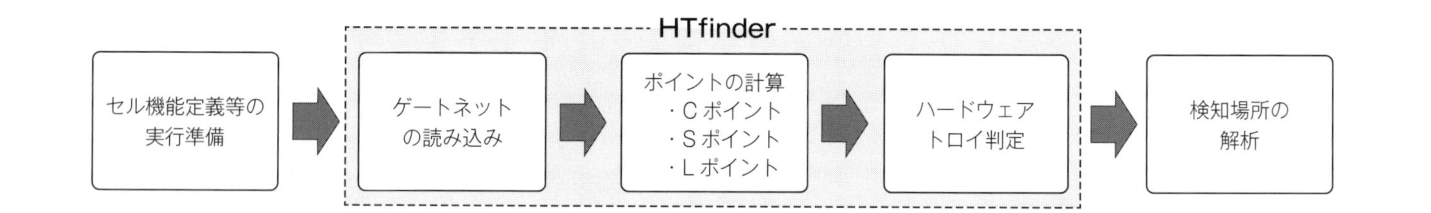

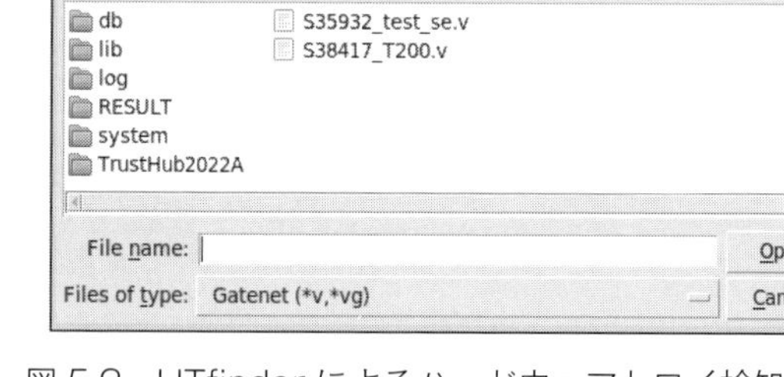

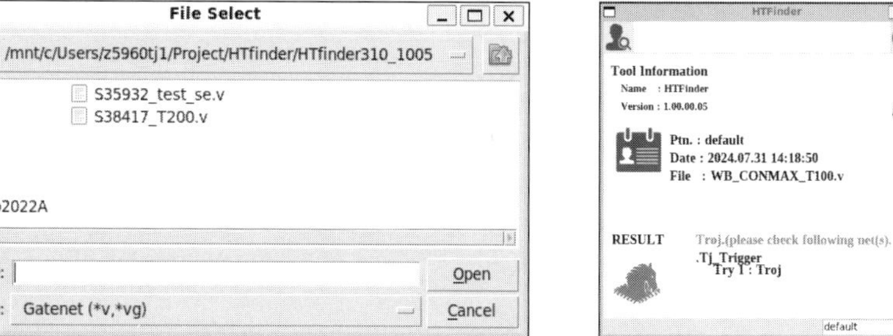

図 5.2　HTfinder によるハードウェアトロイ検知の手順

構造的特徴に基づく方法で記載された，C ポイントの計算および L ポイントの計算で必要となる機能について定義します．そのほか，独自のセルライブラリを使用する場合は，別途セルの出力信号の定義などの定義が必要となります．

また，プリミティブセルに含まれているプリミティブセルに対して定義するカ

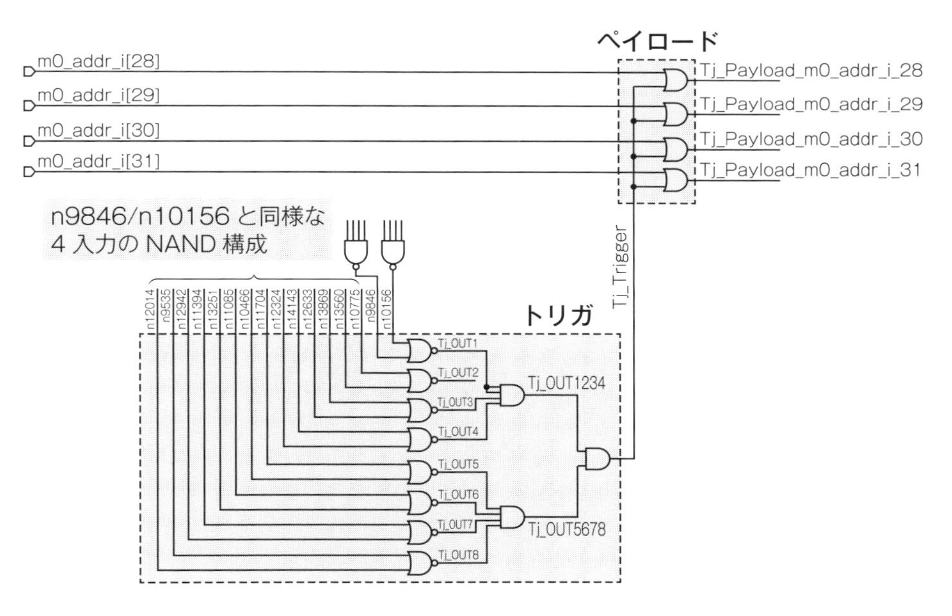

図 5.3 WB_CONMAX-T100 の回路構成

表 5.1 セルのカテゴリ定義

カテゴリ	機能
LSLG	NAND ゲート，NOR ゲート，AND ゲート，OR ゲート
INV	NOT ゲート
MUX	マルチプレクサ
ADD	半加算器，全加算器
DFF	フリップフロップ
ANY	上記以外の機能

表 5.2 WB_CONMAX-T100 のカテゴリ一覧

セル名	機能グループ	機能
AND2X1	LSLG	2 入力の AND ゲート
AND3X1	LSLG	3 入力の AND ゲート
AND4X1	LSLG	4 入力の AND ゲート
AO21X1	ANY	AND-OR の複合ゲート
AO221X1	ANY	AND-OR の複合ゲート
AO22X1	ANY	AND-OR の複合ゲート
AOI21X1	ANY	AND-NOR の複合ゲート
AOI221X1	ANY	AND-NOR の複合ゲート
AOI22X1	ANY	AND-NOR の複合ゲート
INVX0	INV	NOT ゲート
ISOLANDX1	LSLG	アイソレーション用の AND ゲート
LSDNENX1	ANY	イネーブル付きレベルシフタ
NAND2X0	LSLG	2 入力の NAND ゲート
NAND2X1	LSLG	2 入力の NAND ゲート
NAND3X0	LSLG	3 入力の NAND ゲート
NAND4X0	LSLG	4 入力の NAND ゲート
NBUFFX2	ANY	BUF ゲート
NOR2X0	LSLG	2 入力の NOR ゲート
NOR4X0	LSLG	4 入力の NOR ゲート
OA21X1	ANY	OR-AND の複合ゲート
OA221X1	ANY	OR-AND の複合ゲート
OA222X1	ANY	OR-AND の複合ゲート
OA22X1	ANY	OR-AND の複合ゲート
OR2X1	LSLG	2 入力の OR ゲート
SDFFARX1	DFF	リセット付きフリップフロップ
SDFFX1	DFF	フリップフロップ

テゴリ一覧とWB_CONMAX-T100で使用しているセルとそのカテゴリについて表5.1，表5.2に示します．

ゲートネットの読み込みと解析

HTfinderでは読み込んだゲートネットから回路構造を作成します．WB_CONMAX-T100ではプリミティブセルが20,000セルを超えるため，ここではハードウェアトロイを構成する部分だけを抜粋して説明します．

Cポイントの計算

HTfinder内で展開した回路構造のすべての信号に対して，Cポイントを計算します．

まず，Case 1は2段のLSLGで構成される組み合わせ回路のファンインが6以上となる回路構造の出力信号に加点します．図5.3，図5.4のTj_OUT1に注目するとTj_OUT1を出力している2入力のNORゲートのそれぞれに4入力のNANDゲートが接続されているため，2段のLSLGでファンインが8となる条

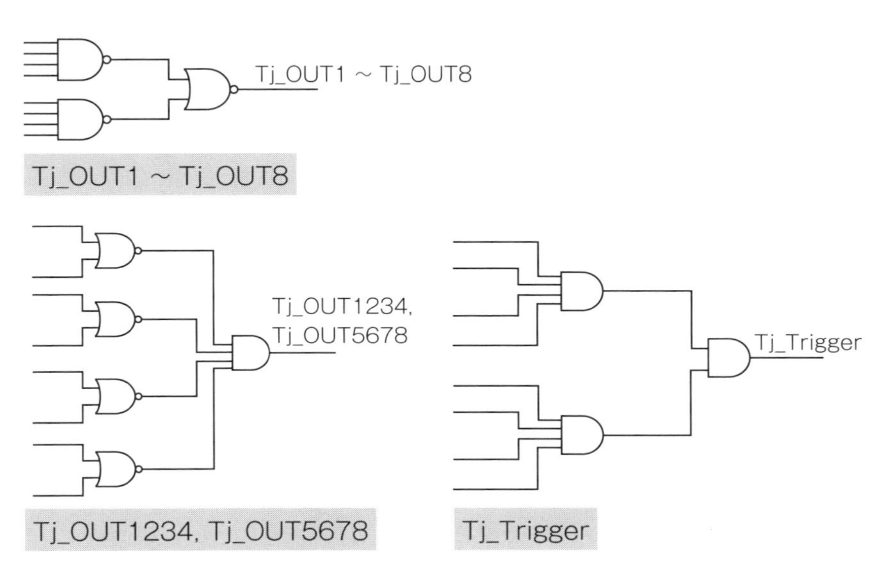

図5.4　Case 1で加点される信号

件を満たすため Tj_OUT1 には Case 1 の 1 ポイントが加点されます．Tj_OUT1 から Tj_OUT8 は同様の構成となっているため Tj_OUT1 から Tj_OUT8 は Case 1 の 1 ポイントが加点されます．また Tj_OUT1234 に注目すると，4 入力の AND ゲートのそれぞれに 2 入力の NOR ゲートが接続されているため，2 段の LSLG でファンイン 8 となり Tj_OUT1234，Tj_OUT5678 にも Case 1 の 1 ポイントが加点されます．最後に Tj_Trigger も 2 入力の AND ゲートのそれぞれに 4 入力の AND ゲートが接続されているため，2 段の LSLG でファンイン 8 となり，Case 1 の 1 ポイントが加点されます．

ここで Tj_1234 を出力している AND 回路には Tj_OUT1 が 2 つ入力されているため 2 段で構成する LSLG 部分の入力信号は 6 個になりますが HTfinder のファンイン計算としては 8 で計算します．

回路図のトリガを構成している信号について Tj_OUT1 を出力している回路は，2 入力の NOR のそれぞれに 4 入力の NAND が接続されています．2 段の LSLG で構成される組み合わせ回路のファンインが 6 以上という条件（Case 1）に該当するため Tj_OUT1 に 1 ポイントが加点されます．同様の理由で Tj_OUT1 から Tj_OUT8 の信号および Tj_OUT1234 と Tj_OUT5678，Tj_Trigger についても 1 ポイントが加点されます．

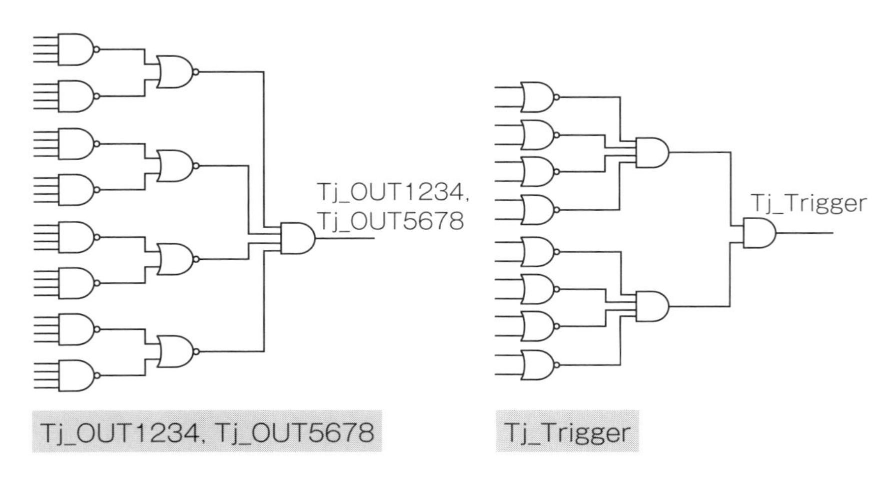

図 5.5 Case 2 で加点される信号

次に，Case 2 は 2 段または 3 段の LSLG で構成される組み合わせ回路のファンインが 16 以上となる回路構造の出力信号に加点します（図 5.5）．ここで，Tj_OUT1234 の信号を出力している回路は，4 入力の AND ゲートで，それぞれに 2 入力の NOR ゲートが接続され，その入力には 4 入力の NAND が接続されています．このことから 3 段の LSLG で構成される組み合わせ回路のファンインが 16 以上という条件を満たすため Tj_OUT1234 には Case 2 の 1 ポイントが加点されます．同様に Tj_OUT5678 にも Case 2 の 1 ポイントが加点されます．また，Tj_Trigger についても 4 入力の AND ゲートのそれぞれの入力が 4 入力の AND ゲートとなっており，それぞれの入力信号が 2 入力の NOR ゲートに接続されているため，Tj_Trigger にも Case 2 として 1 ポイントが加点されます．

今回の回路で最後に加点されるのは Case 8 の回路構成（図 5.6）で，Case 2 に該当する信号が入力されたプリミティブセルのほかの入力信号がプライマリ入力になっている回路構成の場合，Case 2 に該当する信号に Case 8 として 2 ポイントが加点されます．今回の Tj_Trigger の信号は 2 入力の OR ゲートに入力されていて，もう一方の入力信号が m0_addr_i［28］となっています．そのため Case 8 のポイントとして Tj_Trigger はさらに 2 ポイントが加点されます．

ここまでの C ポイントについてまとめると，WB_CONMAX-T100 に組み込まれたハードウェアトロイ部分の信号のポイントは表 5.3 のようになります．WB_CONMAX-T100 の内部信号すべてのポイントについては割愛しますが内部信号でも Case 1 および Case 2 に該当する信号は存在しています．

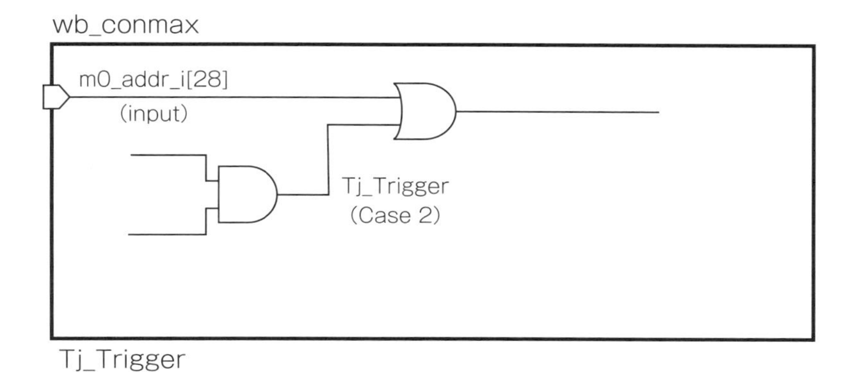

図 5.6　Case 8 で加点される信号

Sポイントの計算

Cポイントの計算結果がもっとも高得点となる信号のレア度（≤5か所）を加味してSポイントを計算します．WB_CONMAX-T100の信号は22,197個ありますがCポイントの計算結果で4ポイントの高得点となった信号は，Tj_Triggerのみです．その結果Tj_TriggerにはSポイントとしてさらに3ポイントが加点されます．

表5.3 Cポイントのまとめ

NET	Case 1	Case 2	Case 3	Case 4	Case 5	Case 6	Case 7	Case 8	Case 9	合計
Tj_OUT1	+1									1
Tj_OUT2	+1									1
Tj_OUT3	+1									1
Tj_OUT4	+1									1
Tj_OUT5	+1									1
Tj_OUT6	+1									1
Tj_OUT7	+1									1
Tj_OUT8	+1									1
Tj_OUT1234	+1	+1								2
Tj_OUT5678	+1	+1								2
Tj_Trigger	+1	+1						+2		4
Tj_Payload_m0_addr_i_28										0
Tj_Payload_m0_addr_i_29										0
Tj_Payload_m0_addr_i_30										0
Tj_Payload_m0_addr_i_31										0

Lポイントの計算

最後にSポイントまで計算した結果，ここまでのポイントの合計が最高得点となっている信号に対して周辺の情報からLポイントを計算します．

ここまでで最高得点となる信号Tj_TriggerについてLocation Caseをそれぞれチェックすると Tj_Triggerの4段後の信号n17749がフリップフロップ(SDFFX1）に入力されているため，Location Case 1としてTj_Triggerには1ポイントが加点されます．またTj_Triggerの次段のプリミティブセルはすべてORゲートに接続されていることからLocation Case 6としてTj_Triggerに3ポイントが加点されます．

ここまでのポイントをまとめるとTj_Triggerは合計11ポイントとなっています（表5.4)．その結果ハードウェアトロイ判定の閾値10ポイントを超えているため，WB_CONMAX-T100にはハードウェアトロイが組み込まれた回路であると判定しています．

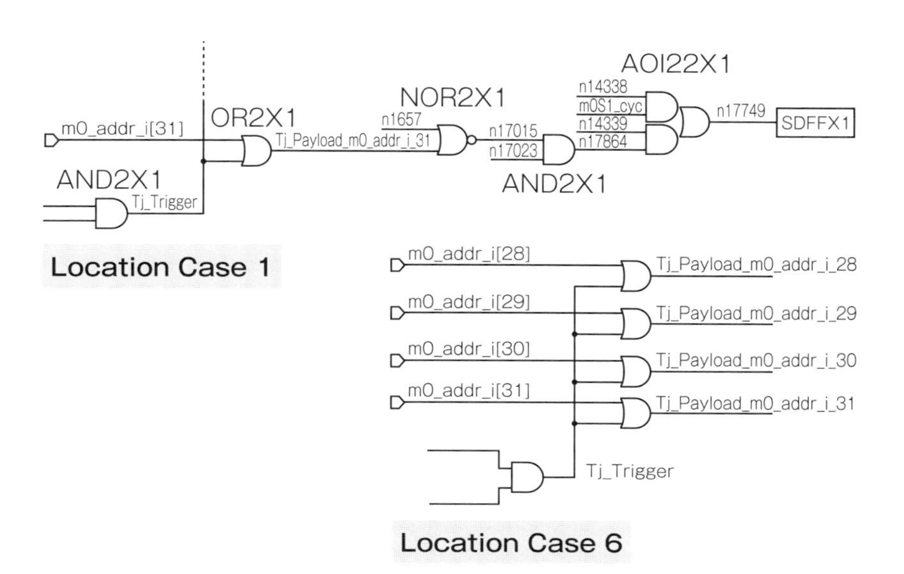

図5.7 Tj_Triggerが該当するLocation Case

実行結果

図5.8に示す通りHTfinderの実行結果では，ベンチマークの回路であるWB_CONMAX-T100のファイルWB_CONMAX_T100.vにハードウェアトロイが検知されたことを表示しています．またその根拠となった信号がTj_Triggerであることを表示しています．

表5.4　ポイントのまとめとハードウェアトロイ判定

NET	Cポイント	Sポイント	Location Case 1	Location Case 2	Location Case 3	Location Case 4	Location Case 5	Location Case 6	合計	Trojan (>10)
Tj_Trigger	4	3	+1					+3	11	TRUE

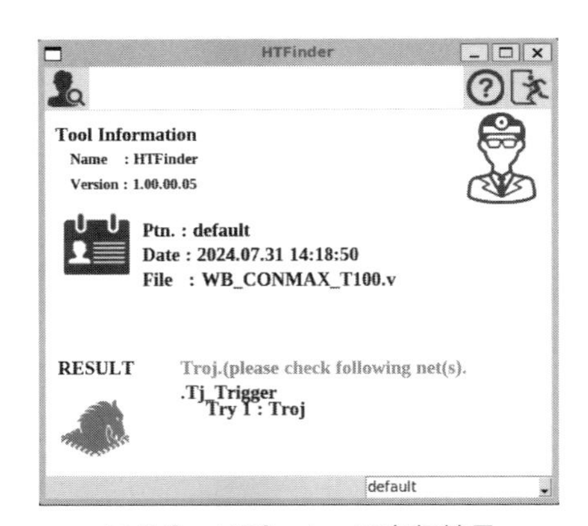

図5.8　HTfinderの実行結果

5.2　ハードウェアトロイ検知の実用化における課題

ハードウェアトロイ検知の実用化における課題は，ハードウェアトロイ検知技術の課題とハードウェアトロイ検知を実施する現場導入の障害となる課題に分かれます．それらの課題についてHTfinderの対応方針を述べます．

5.2.1 ハードウェアトロイの技術的な課題

ここまでのハードウェアトロイ検知の具体例で示した通りHTfinderを正しく実施のためにはセルライブラリに登録されているプリミティブセルの機能を確認しカテゴリ分けする必要があります．この作業には回路の知識が必要になっており，ソフトウェアのウィルス検知ソフトのように検知ボタンだけ押せばハードウェアトロイが検知できるというものではありません．また，検知された信号についても今回の例のようなTj_Triggerといった分かりやすい名前がついているわけではありません．論理合成で作られた内部信号についてはn12024やn9535など論理合成ツールがつけたユニークな信号名になっています．そこでハードウェアトロイと判定された信号からどのようなハードウェアトロイと判定されたのか確認するためには，ゲートネットを調査しRTL記述の記述箇所を特定する必要があります．そのRTL記述が設計者の意図通りに機能している部分でなければ，ハードウェアトロイとして組み込まれた機能と特定できます．ここで，設計者の意図通りの記述でハードウェアトロイと検知されるケースとしては，消費電力を抑えるため活性化していないデバイスを細かいブロックに分けて，それぞれのスリープ状態を管理するようなケースがあります．この場合，デバイスの活性化を検知する仕組みがハードウェアトロイのトリガと同様の回路構成になり，結果，デバイスをスリープさせる信号がペイロードの信号に見えるため，この組み合わせではハードウェアトロイの疑いがあると検知されることが考えられます．また，テスト回路では書き込んだ値に対して，特定の条件と比較するための条件がハードウェアトロイと見える可能性があります．こういった機能に対してはハードウェアトロイの有無だけではなく，その機能の特定し機能が意図通りかどうかを判別する必要があります．

このようにHTfinderで検知するための準備および検知された場所からハードウェアトロイの可能性のある回路部分の特定など，半導体設計に関する深い知識が必要になるため，東芝情報システムではHTfinderを使ったハードウェアトロイ検知サービスを提供し，ハードウェアトロイの検知と検知された箇所の特定をレポートする業務を提供しています．

最後にセキュリティの技術的な問題は，攻撃者も日々新しい技術で攻撃する可能性があることです．これはハードウェアトロイに限らずソフトウェアのセキュリティでも同様のことですが，例えば情報を盗むような意図を持ったハードウェアトロイの組み込みは難しいかもしれませんが，特定の条件で機能停止や性能低下を起こすようなハードウェアトロイは簡単に組み込むことが可能であると考えられます．

5.2.2 HTfinderを現場で導入する際の課題

企業においては，新機能の追加や高速化や低消費電力の実現など性能の向上を図るために，コストをかけた開発を行っています．半導体設計現場においては，この目的を実現するために日々全力で努力しています．そのような現場の中では，セキュリティを確保するためのコストはどれだけかけられるのか，また，どれだけのコストをかければセキュリティチェックできるのかが見えるものではありません．例えば回路設計の担当者以外でセキュリティチェックをするための人員を確保し，セキュリティ担当者がRTLを分析してハードウェアトロイを特定する場合，RTLを設計するのと同じ程度の時間が必要となってしまいます．加えて，IPとして組み込まれる回路部分についても正しいRTLの入手が必要となります．また，IPに組み込まれたハードウェアトロイを検知するためには，正しいRTLを入手して，ゲートネットと一致することを確認する必要があります．

こうなるとセキュリティチェックをすることでハードウェアトロイが組み込まれていないことを確認するためにかかる費用やスケジュールの目途が立たないという状況になります．その結果ハードウェアトロイなどのセキュリティについては実行しようがないという結論に至りセキュリティのチェックを行わないまま製造されることになってしまいます．この問題を解決するためには，少なくとも決まった手法で検知する方法があることが重要です．

HTfinderを使ったハードウェアトロイ検知には，高性能なPCが必要ですが，短時間で脅威をチェックできます．しかし，これまでハードウェアトロイのセキュリティチェックを行ってこなかった半導体設計現場では，新たなコストが発生します．HTfinderを導入するためには，ハードウェアトロイのリスクが高まっていることと，そのセキュリティチェックの重要性を理解してもらう必要があります．

5.3　ハードウェアトロイ検知の展望

本節では，これまで解説してきたハードウェアトロイ検知手法をまとめ，今後の展望を示します．

学術的視点から見たハードウェアトロイ検知

第4章に示したように，学術的には構造的な特徴に着目した検知手法や，テスト容易性などの指標に着目した検知手法が提案されてきています．本書を執筆している2024年においても，新たな手法が開発・提案されています．ハードウェアトロイ検知においてポイントになるのは，大規模な回路設計情報の中からどのようにして効率的にハードウェアトロイの特徴を見つけ出すかです．効率的に検知するためのアプローチとして，機械学習の適用がトレンドになっています［Gubbi et al., 2023］．中でも，以下の点がポイントになります．

- ハードウェアトロイを検知するための特徴を自動的に抽出する点
- 既存のハードウェアトロイ検知モデルで対応できないハードウェアトロイを発見することで，未知のハードウェアトロイへも対応する点

1つ目では，ハードウェアトロイを検知するための特徴を人間が解析して抽出するのではなく，自動的に抽出します．そのためのアプローチとして，第4.4章でも紹介したグラフニューラルネットワーク（GNN）を用いた手法が挙げられます．GNNを活用することで，回路設計情報の解析を自動化し，ハードウェアトロイの検知も効率化できることが期待されます．

2つ目では，未知のハードウェアトロイへの対応を試みる手法が提案されています．文献［Hasegawa et al., 2023a］では，敵対的サンプルと呼ばれる，誤検知を引き起こすハードウェアトロイの生成手法と，その対策手法が提案されています．AIセキュリティと呼ばれる分野では，機械学習を用いた分類において，意図的に誤った分類結果を引き起こす方法が提案されています．ハードウェアトロイ検知モデルにおいても同様の手法が適用できるため，文献［Hasegawa et al., 2023a］ではその評価が行われています．また，文献［Gohil et al., 2024］では，強化学習と呼ばれる手法を用いて，検知が難しいハードウェアトロイを生成する手法が提案されています．この手法は，ハードウェアトロイ検知モデルの

弱点を明らかにするものです．ここで得られた結果を活用して検知モデルを改善することで，未知のハードウェアトロイへも対応できることが期待されます．

現場視点から見たハードウェアトロイ検知

技術的な課題でも述べた通り，今後新たな技術のハードウェアトロイが作成され LSI に組み込まれる可能性があります．HTfinder 開発の際にも一部の声として，検知手法の技術を公開することで，新たな逃げ道を持つハードウェアトロイの開発が行われる可能性など，攻撃者の技術が上がるのではないかとの懸念が指摘されました．しかし，現在の攻撃者はあらゆる知識を持って攻撃してくる可能性があります．その中で，我々はセキュリティを守る側が一部有識者だけの知識では議論に限界があり，半導体設計に携わるすべての人に意識してらうことが重要であるという認識に立ちました．多くの半導体設計の現場において，ハードウェアセキュリティについての意識を高めることで，チェックのやり方が無いのでチェックできないという考えを変える必要があると考えています．しかしながら，ハードウェアセキュリティに関する議論は半導体設計者の協力なくしては実現しません．半導体設計現場に HTfinder の存在を広め，多くの設計現場に導入してもらうことで良いスパイラルが生まれ，より安全な LSI が開発される社会となっていくことを願ってやみません．

参 考 文 献

[Adee, 2008] Adee, S. (2008). The hunt for the kill switch. *IEEE Spectrum*, 45:34–39.

[Almeida et al., 2022] Almeida, F., Imran, M., Raik, J., and Pagliarini, S. (2022). Ransomware attack as hardware trojan: A feasibility and demonstration study. *IEEE Access*, 10:44827–44839.

[Bhunia et al., 2014] Bhunia, S., Hsiao, M. S., Banga, M., and Narasimhan, S. (2014). Hardware trojan attacks: Threat analysis and countermeasures. *Proceedings of the IEEE*, 102 (8) :1229–1247.

[Breiman, 2001] Breiman, L. (2001). Random forests. *Machine learning*, 45:5–32.

[Breunig et al., 2000] Breunig, M. M., Kriegel, H.-P., Ng, R. T., and Sander, J. (2000). Lof: identifying density-based local outliers. In *Proceedings of the 2000 ACM SIGMOD International Conference on Management of Data*, SIGMOD '00, page 93 – 104, New York, NY, USA. Association for Computing Machinery.

[Chakraborty et al., 2009a] Chakraborty, R. S., Narasimhan, S., and Bhunia, S. (2009a). Hardware trojan: Threats and emerging solutions. In *2009 IEEE International High Level Design Validation and Test Workshop*, pages 166–171.

[Chakraborty et al., 2009b] Chakraborty, R. S., Wolff, F., Paul, S., Papachristou, C., and Bhunia, S. (2009b). Mero: A statistical approach for hardware trojan detection. In Clavier, C. and Gaj, K., editors, *Cryptographic Hardware and Embedded Systems - CHES 2009*, pages 396–410, Berlin, Heidelberg. Springer Berlin Heidelberg.

[Chawla et al., 2002] Chawla, N. V., Bowyer, K. W., Hall, L. O., and Kegelmeyer, W. P. (2002). Smote: synthetic minority over-sampling technique. *Journal of artificial intelligence research*, 16:321–357.

[Chen and Guestrin, 2016] Chen, T. and Guestrin, C. (2016). Xgboost: A scalable tree boosting system. In *Proceedings of the 22nd ACM SIGKDD International Conference on Knowledge Discovery and Data Mining*, KDD '16, page 785 – 794, New York, NY, USA. Association for Computing Machinery.

[Francq and Frick, 2015] Francq, J. and Frick, F. (2015). Introduction to hardware trojan detection methods. In *2015 Design, Automation & Test in Europe Conference & Exhibition (DATE)*, pages 770–775. IEEE.

[Gohil et al., 2024] Gohil, V., Patnaik, S., Kalathil, D., and Rajendran, J. (2024). Attackgnn: Red-teaming gnns in hardware security using reinforcement learning. In Balzarotti, D. and Xu, W., editors, *33rd USENIX Security Symposium, USENIX Security 2024, Philadelphia, PA, USA, August 14-16, 2024*. USENIX Association.

[Goldstein, 1979] Goldstein, L. (1979). Controllability/observability analysis of digital circuits. *IEEE Transactions on Circuits and Systems*, 26(9):685–693.

[Golson and Clark, 2016] Golson, S. and Clark, L. (2016). Language wars in the 21st century: verilog versus vhdl – revisited.

[Gubbi et al., 2023] Gubbi, K. I., Saber Latibari, B., Srikanth, A., Sheaves, T., Beheshti-Shirazi, S. A., PD, S. M., Rafatirad, S., Sasan, A., Homayoun, H., and Salehi, S. (2023). Hardware trojan detection using machine learning: A tutorial. *ACM Trans. Embed. Comput.Syst.*, 22 (3).

[Hasegawa et al., 2023a] Hasegawa, K., Hidano, S., Nozawa, K., Kiyomoto, S., and Togawa, N. (2023a). R-htdetector: Robust hardwaretrojan detection based on adversarial training. *IEEE Transactions on Computers*, 72(2):333–345.

[Hasegawa et al., 2023b] Hasegawa, K., Yamashita, K., Hidano, S., Fukushima, K., Hashimoto, K., and Togawa, N. (2023b). Node-wise hardware trojan detection based on graph learning. *IEEE Transactions on Computers*, pages 1–13.

[Hasegawa et al., 2017] Hasegawa, K., Yanagisawa, M., and Togawa, N.(2017). Trojan-feature extraction at gate-level netlists and its application to hardware-trojan detection using random forest classifier. In *2017 IEEE International Symposium on Circuits and Systems (ISCAS)*, pages 1–4.

[Hoque et al., 2018] Hoque, T., Cruz, J., Chakraborty, P., and Bhunia, S. (2018). Hardware ip trust validation: Learn (the untrustworthy), and verify. In *2018 IEEE International Test Conference (ITC)*, pages 1–10.

[Hsu et al., 2024] Hsu, W.-T., Lo, P.-Y., Chen, C.-W., Tien, C.-W., and Kuo, S.-Y. (2024). Hardware trojan detection method against balanced controllability trigger design. *IEEE Embedded Systems Letters*, 16(2):178–181.

[Huang et al., 2020] Huang, Z., Wang, Q., Chen, Y., and Jiang, X. (2020). A survey on machine learning against hardware trojan attacks: Recent advances and challenges. *IEEE Access*, 8:10796–10826.

[Jin and Makris, 2008] Jin, Y. and Makris, Y. (2008). Hardware trojan detection using path delay fingerprint. In *2008 IEEE International Workshop on Hardware-Oriented Security and Trust*, pages 51–57.

[Kok et al., 2019] Kok, C. H., Ooi, C. Y., Moghbel, M., Ismail, N., Choo, H. S., and Inoue, M. (2019). Classification of trojan nets based on scoap values using supervised learning. In *2019 IEEE International Symposium on Circuits and Systems (ISCAS)*, pages 1–5.

[Kurihara and Togawa, 2021] Kurihara, T. and Togawa, N. (2021).Hardware-trojan classification based on the structure of trigger circuits utilizing random forests. In *2021 IEEE 27th International Symposium on On-Line Testing and Robust System Design (IOLTS)*, pages 1–4.

[MacQueen et al., 1967] MacQueen, J. et al. (1967). Some methods for classification and analysis of multivariate observations. In *Proceedings of the fifth Berkeley symposium on mathematical statistics and probability*, volume 1, pages 281–297. Oakland, CA, USA.

[Moore, 1965] Moore, G. E. (1965). Cramming more components onto integrated circuits. *Electronics*, 38(8):114.

[Oya et al., 2015] Oya, M., Shi, Y., Yanagisawa, M., and Togawa, N. (2015). A score-based classification method for identifying hardwaretrojans at gate-level netlists. In *2015 Design, Automation & Test in Europe Conference & Exhibition (DATE)*, pages 465–470.

[Oya et al., 2016] Oya, M., Yamashita, N., Okamura, T., Tsunoo, Y., Yanagisawa, M., and Togawa, N. (2016). Hardware-trojans rank: Quantitative evaluation of security threats at gate-level netlists by pattern matching. *IEICE Transactions on fundamentals of electronics, communications and computer sciences*, 99(12):2335–2347.

[Raghunathan, 2021] Raghunathan, K. R. (2021). History of microcontrollers: First 50 years. *IEEE Micro*, 41(6):97–104.

[Salmani, 2017] Salmani, H. (2017). Cotd: Reference-free hardware trojan detection and recovery based on controllability and observability in gate-level netlist. *IEEE Transactions on Information Forensics and Security*, 12(2):338–350.

[Salmani et al., 2013] Salmani, H., Tehranipoor, M., and Karri, R. (2013). On design vulnerability analysis and trust benchmarks development. In *2013 IEEE 31st International Conference on Computer Design (ICCD)*, pages 471–474.

[Shakya et al., 2017] Shakya, B., He, T., Salmani, H., Forte, D., Bhunia, S., and Tehranipoor, M. (2017). Benchmarking of hardware trojans and maliciously affected circuits. *Journal of Hardware and Systems Security*, 1:85–102.

[Tebyanian et al., 2021] Tebyanian, M., Mokhtarpour, A., and Shafieinejad, A. (2021). Sc-cotd: hardware trojan detection based on sequential/combinational testability features using ensemble classifier. *J. Electron. Test.*, 37(4):473–487.

[Tehranipoor and Koushanfar, 2010] Tehranipoor, M. and Koushanfar, F. (2010). A survey of hardware trojan taxonomy and detection. *IEEE Design & Test of Computers*, 27(1):10–25.

[Veličković et al., 2018] Veličković, P., Cucurull, G., Casanova, A., Romero, A., Liò, P., and Bengio, Y. (2018). Graph attention networks. In *International Conference on Learning Representations*.

[Waksman et al., 2013] Waksman, A., Suozzo, M., and Sethumadhavan,S. (2013). Fanci: identification of stealthy malicious logic using boolean functional analysis. In *Proceedings of the 2013 ACM SIGSAC Conference on Computer & Communications*

Security, CCS '13, pages 697– 708, New York, NY, USA. Association for Computing Machinery.

[Wang et al., 2008] Wang, X., Tehranipoor, M., and Plusquellic, J. (2008). Detecting malicious inclusions in secure hardware: Challenges and solutions. In *2008 IEEE International Workshop on Hardware-Oriented Security and Trust*, pages 15–19.

[Wang and Zhang, 2022] Wang, X. and Zhang, M. (2022). How powerful are spectral graph neural networks. In *International conference on machine learning*, pages 23341–23362. PMLR.

[Xiao et al., 2016] Xiao, K., Forte, D., Jin, Y., Karri, R., Bhunia, S., and Tehranipoor, M. (2016). Hardware trojans: Lessons learned after one decade of research. *ACM Trans. Des. Autom. Electron. Syst.*, 22 (1).

[Xue et al., 2020] Xue, M., Gu, C., Liu, W., Yu, S., and O'Neill, M. (2020). Ten years of hardware trojans: a survey from the attacker's perspective. *IET Computers & Digital Techniques*, 14(6):231–246.

[Yang et al., 2016] Yang, K., Hicks, M., Dong, Q., Austin, T., and Sylvester, D. (2016). A2: Analog malicious hardware. In *2016 IEEE Symposium on Security and Privacy (SP)*, pages 18–37.

[Yasaei et al., 2022] Yasaei, R., Chen, L., Yu, S.-Y., and Faruque, M. A. A. (2022). Hardware trojan detection using graph neural networks. *IEEE Transactions on Computer-Aided Design of Integrated Circuits and Systems*, pages 1–14.

索　引

X

あ

か

さ

た

〈執筆者〉
戸川　望（とがわ　のぞむ）
博士（工学），早稲田大学基幹理工学部情報通信学科 教授．早稲田大学大学院理工学研究科電気工学専攻博士後期課程修了．早稲田大学助手，講師，准教授を経て，2009 年より現職．集積システム設計，量子計算，ハードウェアセキュリティが専門．

長谷川　健人（はせがわ　けんと）
博士（工学），株式会社 KDDI 総合研究所 先端技術研究所 セキュリティ部門．早稲田大学基幹理工学研究科情報理工・情報通信専攻博士後期課程修了後，KDDI 株式会社より現職に出向．在学中は機械学習を用いたハードウェアトロイ検知に関する研究に取り組む．現在は，ハードウェア及び人工知能に関するセキュリティ技術の研究開発に従事．

永田　真一（ながた　しんいち）
1994 年東芝情報システム株式会社入社．LSI ソリューション事業部にて ASIC ライブラリ開発に従事．その後，レイアウト設計，メモリ設計などを経験し，2019 年からは早稲田大学との共同研究「ハードウェアトロイ検知技術」の開発に従事．技術確立後は，「ハードウェアトロイ検知サービス業務」の主担当として活躍している．

- 本書の内容に関する質問は，オーム社ホームページの「サポート」から，「お問合せ」の「書籍に関するお問合せ」をご参照いただくか，または書状にてオーム社編集局宛にお願いします．お受けできる質問は本書で紹介した内容に限らせていただきます．なお，電話での質問にはお答えできませんので，あらかじめご了承ください．
- 万一，落丁・乱丁の場合は，送料当社負担でお取替えいたします．当社販売課宛にお送りください．
- 本書の一部の複写複製を希望される場合は，本書扉裏を参照してください．

ハードウェアトロイ検知
―半導体設計情報に潜むハードウェア版マルウェアの見つけ方―

2024 年 11 月 11 日　　第 1 版第 1 刷発行

著　者　戸川　望
　　　　長谷川健人
　　　　永田真一
発行者　村上和夫
発行所　株式会社 オーム社
　　　　郵便番号　101-8460
　　　　東京都千代田区神田錦町 3-1
　　　　電話　03(3233)0641(代表)
　　　　URL　https://www.ohmsha.co.jp/

組版　明昌堂　　印刷・製本　三美印刷
ISBN978-4-274-23268-8　Printed in Japan